普通高等教育"十四五"规划教材

冶金工业出版社

51单片机常用内部功能与外部模块程序分析应用

林明祖 编

U0314747

北 京

冶 金 工 业 出 版 社

2023

内 容 简 介

本书共分7章，主要内容包括51单片机C语言、51单片机内部功能模块程序应用、键盘输入模块的应用、显示输出的典型应用、常用驱动电路和执行机构编程应用、常用传感器的应用、单片机常用通信模块及应用。书中列举了较多典型的应用程序及功能模块应用的驱动程序，并对程序做了详细的注释、说明、分析，以便读者理解掌握。

本书可作为高等院校电子类、自动化类、信息类等专业的教材，也可供相关工程技术人员参考。

图书在版编目（CIP）数据

51单片机常用内部功能与外部模块程序分析应用/林明祖编 . —北京：冶金工业出版社，2023.6

普通高等教育"十四五"规划教材

ISBN 978-7-5024-9335-6

Ⅰ.①5… Ⅱ.①林… Ⅲ.①微控制器—高等学校—教材 Ⅳ.①TP368.1

中国版本图书馆 CIP 数据核字（2022）第 233441 号

51 单片机常用内部功能与外部模块程序分析应用

出版发行	冶金工业出版社	电　话	（010）64027926
地　址	北京市东城区嵩祝院北巷 39 号	邮　编	100009
网　址	www.mip1953.com	电子信箱	service@ mip1953.com

责任编辑　杜婷婷　刘林烨　美术编辑　吕欣童　版式设计　郑小利
责任校对　石　静　责任印制　禹　蕊
三河市双峰印刷装订有限公司印刷
2023 年 6 月第 1 版，2023 年 6 月第 1 次印刷
787mm×1092mm　1/16；10.5 印张；254 千字；160 页
定价 **45.00** 元

投稿电话　（010）64027932　投稿信箱　tougao@cnmip.com.cn
营销中心电话　（010）64044283
冶金工业出版社天猫旗舰店　yjgycbs.tmall.com
（本书如有印装质量问题，本社营销中心负责退换）

前　言

51单片机经过多年的发展，现已得到广泛应用。这种单片机功能较少，使用简单，成本低，比较容易理解，特别适合初学者学习。近年来，国内宏晶公司STC系列单片机的推出，使51单片机在更多领域得到广泛应用。51单片机也可作为学习其他系列单片机的基础，学习完51单片机后，再学习其他单片机，可以较快地理解和掌握另一个系列单片机的原理与应用。本书对单片机系统的各个部分做了较详细的归纳和介绍，概念、思路清晰，利于读者较快熟悉单片机的系统应用。

目前很多高校都采用51单片机作为微控制器的教学内容，并且还开设单片机综合实训课程。本书注重理论联系实际，主要内容包括51单片机C语言、51单片机内部功能模块程序应用、键盘输入模块的应用、显示输出的典型应用、常用驱动电路和执行机构编程应用、常用传感器的应用、单片机常用通信模块及应用等，绝大部分源程序已实验通过，书中的驱动程序或函数可直接采纳，或只用稍作修改就可移植到另一个系统中。书中的大部分内容都是针对单片机系统设计应用而编写的，如各部分驱动程序在工程应用设计中可以直接引用，可有效提高系统设计人员的工作效率。

希望本书对单片机系统设计人员、大学生单片机课程设计、单片机综合实训、大学生电子创新设计、电子爱好者有一定帮助和启发作用。本书在编写过程中参考了相关文献和资料，在此对有关作者表示感谢。

由于编者水平所限，书中不妥之处，敬请读者批评指正。

编　者

2022年8月

目　　录

1 51单片机C语言

单片机常用的编程语言有汇编语言和C语言。以前汇编语言应用较广，但由于C语言有很多优势，现在单片机的编程基本上都运用C语言编写。PC标准C语言与单片机C语言（也称C51语言）基本相同，只是C51是针对单片机硬件而已。

C语言兼顾了多种高级语言的特点，结构清晰，易于理解，符合人的思维特点，使用方便，功能强大。也有汇编语言直接对底层硬件进行操作的功能和特点。高级语言种类很多。其他的高级语言虽然编程很方便，但不能对硬件进行直接操作。因此在计算机硬件系统设计中，特别在单片机应用开发中，一般都用C语言来进行开发和设计。

1.1 C语言的特点、函数、程序书写注意事项

1.1.1 C语言的特点

C语言的特点如下。

（1）汇编执行速度快、效率高，但编程效率低。C语言编程则好用快速，效率高。汇编语言是一种面向机器的程序语言，其可以直接控制硬件，指令执行速度快，执行效率很高。但其语言格式比较生硬、可读性差、难于编写和调试，也不便于移植。而单片机C51语言在结构上更易理解，可读性强，便于修改维护，语言简洁，使用方便、灵活，且开发速度快、可靠性好、便于移植。用汇编语言编写的程序，如果长时间后再去做升级维护，就会感觉到困难和不方便，别人写的程序不易读懂。使用单片机C语言进行开发，就可以缩短开发周期、降低开发成本。因此，单片机C语言已成为目前最流行的单片机开发语言。

（2）数字类型丰富。C语言包括有字符型、整型、实型、数组类型、指针类型等，极大地增强了程序的处理能力和灵活性，可实现各种复杂的数据结构。

（3）存储类型丰富。C语言有data、idata、pdata、xdata、code、auto等，自动为变量合理地分配存储地址。

（4）运算符号丰富，表达能力强。C语言包括很多种运算符，可以组成各种表达式，可实现各种各样的运算。

（5）利用C语言提供的各种运算符，表达方式灵活。

（6）C语言是一种结构化程序设计语言，它层次清晰，使用一对花括号"{ }"将一系列语句组合成一个复合语句，程序结构简单明了。

（7）单片机C51语言兼备高级语言与低级语言的优点，语法结构和标准C语言基本一致。其规模适中，语言简洁，便于学习。

（8）C语言的可移植性好。对于兼容8051系列的单片机，只要将程序稍加修改，其

至不作改变，就可移植到另一个不同的硬件型号开发环境中使用。

（9）C语言比汇编语言的程序易于理解，关键字及语句的运算执行近似于人的思维方式过程。

（10）编译系统提供了一些库函数，方便用户直接使用。例如：

```
P2 = _crol_(P2,1);
```

1.1.2　C语言的函数

C语言是由函数结构，每个C语言程序由一个或多个函数组成。在这些函数中至少应包含一个主函数 main( )，也可以包含一个主函数 main( ) 和若干个其他的功能函数。不管主函数 main( ) 放于何处，程序总是从主函数 main( ) 开始执行，执行到主函数结束则结束。main( ) 函数可以调用其他功能函数，其他函数不能调用主函数，但其他函数可以互相调用。在 C51 程序中，一般把 main 函数放在程序末尾。而阅读理解一个程序一般也是从主函数开始阅读。

函数由函数定义和函数体两部分组成。函数定义部分包括函数类型、函数名、形式参数说明等，函数名后面必须跟一个圆括号"( )"，形式参数在"( )"内定义；函数体由一对花括号"｛ ｝"将函数体的内容括起来，如果一个函数内有多个花括号，则最外层的一对"｛ ｝"为函数体的内容。函数体内包括若干语句，一般由声明语句和执行语句两部分组成。

1.1.3　C语言程序书写注意事项

C语言程序一般是一行写一个语句，但C语言程序在书写时格式十分自由，一条语句可以写成一行，也可以写成几行。还可以一行内写多条语句。但每条语句（包括说明语句和执行语句）的末尾必须以分号"；"作为结束符。

1.2　C语言的结构

1.2.1　标识符

标识符（用户自定义的）是用来标识源程序中对象名称的符号，这些对象可以是常量、变量、语句标号、函数名、数组名等。

C51 的标识符的定义必须符合以下定义规则。

（1）标识符可以由字母（26个大小写）、数字（0~9）、下划线"_"组成。

（2）标识符区分大小写，例如"time"和"Time"代表两个不同的标识符。

（3）标识符第一个字符必须是字母或者下划线"_"，不能为数字。由于有些编译系统专用的标识符是以下划线开头，为了程序的兼容性和可移植性，所以建议一般不要以下划线开头来命名标识符，但下划线可以用在第一个字符以后的任何位置。

（4）标识符定义不能与关键字同名，也不能和用户已使用的函数名或C51库函数同名。例如"int"是不正确的标识符，"int"是关键字，所以它不能再用作标识符。

（5）标识符最长可支持32个字符，不过为了使用和理解方便，尽量不要使用过长的标识符。

（6）标识符的定义尽量表示直观的意义，做到顾名思义，以便于阅读理解。

（7）不同的函数中可以使用相同的标识符。虽然变量名是相同的，但系统看到它们定义在不同的函数中，就认为它们是不同的变量。

正确的标识符：count、k_1、delay_ms 等。

错误的标识符（在编译时系统会提示错误）：5m、char、bs#等（不能用数字开头、不能用关键字、非法字符）。

1.2.2 关键字

关键字（保留字、系统已定义的保留字）是由 C 语言规定的具有特定意义的字符串，通常也称为保留字。是被 C51 编译器已定义保留的专用特殊标识符。

PC 机 C 语言采用了 ANSI C 标准定义了 32 个关键字。单片机 C51 程序语言又结合单片机硬件的特点，又扩展了 19 个单片机关键字。

C 语言的关键字分为以下几类：

（1）类型说明符，如 char、int；

（2）语句定义符，如 for、if…else；

（3）预处理命令字，如 include。

1.2.3 数据类型

C 语言的数据量分为常量和变量两种。常量就是在程序执行过程中不能改变的量；变量就是在程序运行过程中其值可以不断变化的量。

变量的定义和作用范围：程序中用到的变量，必须先定义后使用。定义一个变量的格式见表 1-1。

表 1-1　定义变量的格式

（存储类型）	数据类型	（存储器类型）	变量名表
变量的作用域、作用范围	变量的大小	变量的存储位置	变量名

注：1. "（ ）" 中的部分如不指定，可以省略；

2. 存储类型是指定义变量的作用域、作用范围，如果缺省，则默认为 "auto"。

1.2.3.1　存储类型

A　自动变量 auto

自动变量 auto 一般定义在函数内部或复合语句中，其作用范围是本函数或复合语句内部。当定义它的函数体或复合语句执行时，系统才为该变量分配内存空间。

例如：

```
auto unsigned long data k;
```

自动无符号长整型变量 k，在片内 RAM 中用直接寻址方式访问。

B　全局变量 extern

全局变量 extern 一般定义在所有函数的外部，其作用域是从全局变量定义的位置到源文件结束，全局变量有时也称为外部变量。

例如：

```
extern float xdata k;
```

全局实型变量 k，在片外 RAM 中用间接寻址方式访问。

C　静态变量 static

静态变量分为内部静态变量和外部静态变量。内部静态变量是指在函数体内部定义的静态变量，函数体内一直存在；外部静态变量是指在函数外部定义的静态变量，在程序中一直存在。

例如：

```
void main( )
{
static char k,j=7;    //定义静态局部变量,k 为 0,j 为 7
}
```

D　寄存器变量 register

寄存器变量 register 定义的变量存放在 CPU 内部的寄存器中，处理速度快，但数量少。

1.2.3.2　数据类型（定义数据的大小）、存储器类型

写程序就离不开数据的应用，数字有大有小，如果能对数字存储的空间进行合理的分配，指定不同数据类型占有的存储字节长度。先说明它的类型，然后再使用，这样编译器就能为它们分配合理的存储单元，提高 CPU 的处理速度和执行效率。因此，有必要对数据进行类型定义。

51 单片机的数据类型和存储器类型分别见表 1-2 和表 1-3。

表 1-2　C51 单片机数据类型

数 据 类 型	占用字节	值　域
unsigned char	1 字节	0~255
signed char	1 字节	$-128 \sim +127$
unsigned int	2 字节	0~65535
signed int	2 字节	$-32768 \sim +32767$
unsigned long（无符号长整型）	4 字节	0~4294967295
signed long（有符号长整型）	4 字节	$-2147483648 \sim +2147483647$
float（单精度实型）	4 字节	$-3.4 \times 10^{-38} \sim 3.4 \times 10^{38}$
double（双精度实型）	8 字节	$-1.79 \times 10^{-308} \sim 1.79 \times 10^{308}$
unsigned float	4 字节	$3.4 \times 10^{-38} \sim 3.4 \times 10^{38}$
unsigned double	8 字节	$1.79 \times 10^{-308} \sim 1.79 \times 10^{308}$
bit（单片机）	1 位	0~1
sbit	1 位	0~1
sfr	1 字节	0~255
sfr16	2 字节	0~65535

表 1-3 存储器类型（指定变量的存储位置）

存储器类型	含　义
data	直接访问内部数据存储器，访问速度最快
bdata	可位寻址内部数据存储器，允许位与字节混合访问
idata	间接访问内部数据存储器，允许访问全部内部地址
pdata	分页访问外部数据存储器
xdata	外部数据存储器
code	程序存储器

例如：

```
unsigned char data a；     //在内部 RAM 的 128 字节内定义变量 a
unsigned char bdata b；    //在内部 RAM 的位寻址区定义变量 b
unsigned char idata c；    //在内部 RAM 的 256 字节内定义变量 c
unsigned char code e；     //变量 a 的值 10 存储在程序存储器中，这个值不能被改变，即变量在程序中不
                            能再重新赋值，否则编译器会报错
```

注意：如果省略，则系统会根据编译模式 small、compact、large 去选择存储区域、存储器类型（默认为 small）。

（1）small 模式：数据放在 data 数据存储区。

（2）compact 模式：数据放在 pdata 数据存储区。

（3）large 模式：数据放在 xdata 数据存储区。

1.2.4 运算符和表达式

C 语言中的运算符很丰富，主要有算术运算符、关系运算符、逻辑运算符、位操作运算符。另外，还有一些用于完成复杂功能的特殊运算符。

C51 的运算符与 C 语言基本相同。

1.2.4.1 算术运算符

算术运算符是执行算术运算时的操作符，见表 1-4。

表 1-4 算术运算符

符　号	作　用	举　例	备　注
+	加	c＝a+b	
−	减	c＝a−b	
*	乘	c＝a＊b	
/	除	c＝a/b	
%	取余数	c＝a%b	
++	自加 1	++a a++	a 先加 1，再使用 a 先使用，再加 1
−−	自减 1	−−a a−−	a 先减 1，再使用 a 先使用，再减 1

1.2.4.2　关系运算

关系运算用来比较两个变量的大小，运算结果为 1 或者 0，见表 1-5。

表 1-5　关系运算

符　号	作　用	举　例
==	等于	a=b
! =	不等于	a! =b
>	大于	a>b
<	小于	a<b
>=	大于等于	a>=b
<=	小于等于	a<=b

1.2.4.3　逻辑运算符

逻辑运算符是执行逻辑运算时的操作符号，运算结果为真（1）假（0），见表 1-6。

表 1-6　逻辑运算符

符　号	作　用	举　例
&&	与	(a>b)&&(c>d)
||	或	(a>b)||(c>d)
!	非	! a

1.2.4.4　位运算符

位运算符是按位计算的运算符，见表 1-7。

表 1-7　位运算符

符　号	作　用	举　例
&	与	a&b
|	或	a|b
~	非	~a
^	异或	a^b
<<	左移	a<<b
>>	右移	a>>b

1.2.4.5　赋值运算符

赋值运算符见表 1-8。

表 1-8　赋值运算符

符　号	作　用	举　例	备　注
=	赋值	a=b	
+=	相加赋值	a+=b	相当于 a=a+b

符　号	作　用	举　例	备　注
-=	相减赋值	a-=b	相当于a=a-b
*=	相乘赋值	a*=b	相当于a=a*b
/=	相除赋值	a/=b	相当于a=a/b
%=	相除取余赋值	a%=b	相当于a=a%b
&=	相与赋值	a&=b	相当于a=a&b
|=	相或 赋值	a|=b	相当于a=a|b
^=	异 或赋值	a^=b	相当于a=a^b
<<=	左移赋值	a<<=b	相当于a=a<<b
>>=	右移赋值	a>>=b	相当于a=a>>b

1.2.4.6　运算符的优先级

运算符的计算顺序就是优先级，括号的优先级最高，赋值运算符的优先级最低。在同一表达式中，优先级最高的运算符先计算，若参与运算的运算符为同一优先级，则按结合性原则进行计算，见表1-9。

表1-9　运算符的优先级

优先级	运算符或提示符	结合性
1	（　）	自左向右
2	~　!	自右向左
3	++　--	自右向左
4	*　/　%	自左向右
5	+　-	自左向右
6	<<　>>	自左向右
7	<　>　<<=　>>=　==　!=	自左向右
8	&	自左向右
9	^	自左向右
10	|	自左向右
11	&&	自左向右
12	||	自左向右
13	=　*=　/=　%=　+=　-=　<<=　>>=　&=　^=　|=	自右向左

1.2.4.7　指针运算符

指针运算符包括针运算符（*）和取地址运算符（&）两种。

指针运算符使用说明如下。

（1）合法的表示：int *p1，*p2，x，t[10]。

（2）非法的表示：

```
int  * p = 100;          //不能将非地址类型的数据赋给一个指针变量
int * p;p = 1000;        //指针变量赋值时只能使用变量的地址,不能使用整型常量,编译将提示错误
* p = &a;               //被赋值的指针变量前不能再加 * 说明符
```

（3）通过取地址运算符 & 获得变量的地址，再通过赋值运算将这个变量的地址赋给指针变量 p，语句执行后，指针变量 p 的值即为变量 i 的地址，此时 p 就成为指向变量 i 的指针变量。

例如：

```
int  i, * p;
p = &i;
```

（4）可以将一个指针变量的值赋给另一个同类型的指针变量。语句执行后指针变量 p1 和 p2 都成为指向变量 i 的指针变量。

例如：

```
int  i, * p1, * p2;
p1 = &i;
p2 = p1;
```

（5）指针变量与其他普通变量一样，可以在定义时直接赋初值。

例如：

```
int x = 2, * p1 = &x;   //用变量 x 的地址对指针变量 p1 进行初始化,使得 p1 指向变量 x
float y, * p2 = &y;     //用变量 y 的地址对指针变量 p2 进行初始化,使得 p2 指向变量 y
```

1.3　C 语言的语法结构、函数

1.3.1　C 语言的语法结构

1.3.1.1　顺序结构

顺序结构是指程序按语句的先后次序逐句执行的一种结构，这是最简单的语法结构。

例如：

```
main(   )
{
p0 = 0xff;
p2 = 0x00;
delay(   );         //调用延时函数
test (   );         //调用测量函数
}
```

1.3.1.2　分支结构

分支结构分为单分支、双分支、多分支三种。分支结构的语句形式有两种：一般分支较少用 if 语句，分支很多用 switch 语句。如果很多个分支用 if 语句，则会形成嵌套的 if 语句层数多，程序冗长，可读性降低。

A　单分支结构

单分支的语句的格式为：

```
if( )
{执行语句}
```

B　双分支结构

双分支的语句的格式为：

```
if( )
{执行语句}
else
{执行语句}
```

C　多分支结构

多分支包括 if…else 和 switch…case 两种形式。

if…else 的语句的格式为：

```
if( )
{…      }
else  if( )        //else 的作用,条件如果成立,则不再往下判断,否则继续往下判断
{…      }
else   if( )
{…      }
else               //如果上面条件都不成立,则执行此语句
{…      }
```

switch…case 的语句的格式为：

```
switch（变量）          //将变量与 case 后的常量逐个进行比较,若以其中一个相等,则执行该
                        常量后的语句。变量可以是数值或字符
{
  case 常量 1:语句 1;break; //break 的作用,跳出 switch,如无 break,则还要继续往下比较执行将继续
                        执行下一个 case 语句
  case 常量 2:语句 2;break;
  …
  default：语句 n;break;   //如果以上都不成立,则执行语句 n
}
```

if( )…else if( ) 多分支的应用如下：

```
#include <stdio. h>
int main( )
{
int a;
printf("Input integer number:");
scanf("%d",&a);
    if(a= =1) {printf("Monday\n");}
else if(a= =2) {printf("Tuesday\n");}
```

```
else if(a= =3) {printf("Wednesday\n");}
else if(a= =4) {printf("Thursday\n");}
else if(a= =5) {printf("Friday\n");}
else if(a= =6) {printf("Saturday\n");}
else if(a= =7) {printf("Sunday\n");}
else{printf("error\n");}
return 0;
}
```

switch（ ）{ case 常量} 多分支的应用如下：

```
#include <stdio. h>
int main(  )
{  int a;
   printf("Input integer number:");
   scanf("%d",&a);
   switch(a)
   {  case 1:printf("Monday\n"); break;
      case 2:printf("Tuesday\n"); break;
      case 3:printf("Wednesday\n"); break;
      case 4:printf("Thursday\n"); break;
      case 5:printf("Friday\n"); break;
      case 6:printf("Saturday\n"); break;
      case 7:printf("Sunday\n"); break;
      default:printf("error\n"); break;
   }
   return 0;
}
```

1.3.1.3　循环结构

循环结构的语句形式分为 while 语句、do-while 语句和 for 语句三种。

A　while 语句

while 语句的格式为：

```
while (表达式)
{循环体语句;}
```

while 语句的执行步骤是先判断，再执行。先判断 while 后的表达式是否成立，若成立为真，则重复执行循环体语句，直到表达式不成立时退出循环。

例如：

```
#include<AT89C51. H>
#include<stdio. h>
void main(void)
{
unsigned int i=1;
```

```
unsigned int sum=0;
while(i<=10)
{
sum=i+sum;    //累加
i++;
}
while(1);
}
```

运行结果：

```
sum=55
```

B   do-while 语句

do-while 语句的格式为：

```
do
{循环体语句;}
while(表达式)
```

执行步骤是先执行，再判断。先执行循环体语句，再判断表达式是否成立，若成立为真，则重复执行循环体语句，直到表达式不成立时退出循环。

例如：

```
#include<AT89C51. H>
#include<stdio. h>
void main(void)
{
unsigned int i=1;
unsigned int sum=0;
do
 {
 sum=i+sum;      //累加
 i++;
 }
while(i<=10);
while(1);
}
```

C   for 语句

for 语句的格式为：

```
for(表达式 1;表达式 2;表达式 3)      //for 循环中的三个表达式
{循环体语句;}
for(初始化语句;循环条件;自增或自减)
{
语句块
}
```

执行步骤是先求表达式 1 的值并作为变量的初值，再判断表达式 2 是否满足条件，若成立为真，则执行循环体语句，最后执行表达式 3 对变量进行修正，再判断表达式 2 是否满足条件，这样直到表达式 2 的条件不满足时退出循环。

例如，"计算从 1 加到 100 的和"的代码：

```c
#include <stdio. h>
int main(   )
{
int i,
sum=0;
for(i=1; i<=100; i++)
    {
    sum+=i;
    }
    printf("%d\n",sum);
    return 0;
}
```

运行结果：

```
5050
```

代码分析如下。

（1）执行到 for 语句时，先给 i 赋初值 1，判断 i<=100 是否成立，因为此时 i=1，i<=100 成立，所以执行循环体。循环体执行结束后（sum 的值为 1），再计算"i++"。

（2）第二次循环时，i 的值为 2，i<=100 成立，继续执行循环体。循环体执行结束后（sum 的值为 3），再计算"i++"。

（3）重复执行步骤（2），直到第 101 次循环，此时 i 的值为 101，i<=100 不成立，所以结束循环。

for 语句中，以下三个条件可省略"for"：for 循环中的"表达式 1（初始化条件）""表达式 2（循环条件）""表达式 3（自增或自减）"都是可选项，都可以省略，但分号";"必须保留。

（1）省略"表达式 1（初始化条件）"，修改"从 1 加到 100 的和"的代码：

```c
int main(   )
{ int i = 1,
sum = 0;
for(  ;i<=100;i++)
{
sum+=i;
}
}
```

可以看到，将 i=1 移到了 for 循环的外面。

（2）省略"表达式 2（循环条件）"，如果不做其他处理就会成为死循环。例如：

```
for(i=1;   ;i++)
sum=sum+i;
```

相当于：

```
i=1;
while(1)
{
sum=sum+i;
i++;
}
```

所谓死循环，就是循环条件永远成立，循环会一直进行下去，永不结束。死循环对程序的危害很大，一定要避免。

（3）省略了"表达式3（自增或自减）"，就不会修改"表达式2（循环条件）"中的变量，这时可在循环体中加入修改变量的语句。例如：

```
for(i=1;i<=100;   )
{
sum=sum+i;
i++;
}
```

相当于把i++移到了下面。

（4）省略了"表达式1（初始化语句）"和"表达式3（自增或自减）"。例如：

```
for(   ;i<=100;   )
{
sum=sum+i;
i++;
}
```

相当于：

```
while(i<=100)
{
sum=sum+i;
i++;
}
```

（5）3个表达式可以同时省略。例如：

```
for(;  ;  )
```

相当于while(1)语句，死循环。

1.3.1.4　goto跳转结构

goto语句的结构形式为：

```
goto 标号;
```

例如：

```
void input(void)
{
unsigned char a;
start:a++;            //标号
if(a==10)
goto end;
goto start;
end:while(1);         //标号
}
```

注意：goto 语句尽量少用，因为它易使程序层次不清不易阅读；但在多层嵌套退出时，使用 goto 语句则比较合理；使用 goto 语句一般不要跳出自己的函数。

1.3.1.5　其他语句

（1）break 语句：结束全部循环，跳出循环体，停止循环。继续执行循环语句后面的语句。

（2）continue 语句：结束本次循环，继续下一次循环。

（3）return 语句：

1）return jad：返回某个值；

2）return：后面的语句不再执行，结束程序。

break 与 continue 的对比：break 用来结束所有循环，循环语句不再有执行的机会；continue 用来结束本次循环，直接跳到下一次循环，如果循环条件成立，还会继续循环。

使用 while 或 for 循环时，如果想提前结束循环（在不满足结束条件的情况下结束循环），可以使用 break 或 continue 关键字。例如：

break 关键字

当 break 关键字用于 while、for 循环时，会终止循环而执行整个循环语句后面的代码。break 关键字通常和 if 语句一起使用，即满足条件时便跳出循环。

例如，使用 while 循环计算 1 加到 100 的值：

```
#include <stdio.h>
    int main(  )
{
    int i=1,sum=0;
    while(1)          //循环条件为死循环
    {  sum+=i;
       i++;
       if(i>100)break;
    }
    printf("%d\n",sum);
    return 0;
}
```

运行结果：

5050

while 循环条件为 1，是一个死循环。当执行到第 100 次循环的时候，计算完"i++"后 i 的值为 101，此时 if 语句的条件 i> 100 成立，执行 break 语句，结束循环。

在多层循环中，一个 break 语句只向外跳一层。例如输出一个 4 * 4 的整数矩阵：

```
#include <stdio. h>
int main( )
{  int i=1,j;
   while(1)         //外层循环
   {
   j=1;
   while(1)         //内层循环
   {
   printf("%-4d",i*j);
   j++;
   if(j>4)break;    //跳出内层循环
   }
   printf("\n");
   i++;
   if(i>4)break;    //跳出外层循环
   }
   return 0;
}
```

运行结果：

```
1   2    3    4
2   4    6    8
3   6    9    12
4   8    12   16
```

当 j>4 成立时，执行 break 语句，跳出内层循环；外层循环依然执行，直到 i>4 成立，跳出外层循环。内层循环共执行了 4 次，外层循环共执行了 1 次。例如：

continue 语句

continue 语句的作用是跳过循环体中剩余的语句而强制进入下一次循环。continue 语句只用在 while、for 循环中，常与 if 条件语句一起使用，判断条件是否成立。

例如：

```
#include <stdio. h>
int main( )
{
char c = 0;
while(c! ='\n')          //按回车键结束循环
 {
 c=getchar( );
 if(c= ='4' || c= ='5')  //按下的是数字键4或5
```

```
          |
        continue;                    //跳过当次循环,进入下次循环
          |
            putchar(c);
          |
        return 0;
      |
```

运行结果:

0123456789↙

01236789

1.3.2   函数

函数分为标准库函数和用户自定义函数两类。

标准库函数(简称库函数)由 C 语言系统提供,用户无需定义,也不必在程序中声明(自定义函数需要在程序中先声明后使用),如果在程序中要用到某个库函数,只要在调用该函数前用"#include<头文件名 . h>"命令,引入已经写好说明的头件,将库函数信息包含到本程序中,在程序中就能直接调用函数了,比如 printf( )、scanf( ) 等函数就属于这类。

用户自定义函数是由用户根据需求而自己书写的函数,自定义函数是 C 语言程序设计的核心,每一个函数具有独立的功能,通过函数的组合构成一个个模块,各模块之间协调工作可以完成复杂的程序设计。自定义函数也可以放到扩展名为 . h 的文件中,用"#include 文件名 . h"引入。自定义函数可以分为内部函数和外部函数,内部函数又称为静态函数。

内部函数是指只能被本文件中的函数调用,称内部函数,其格式为:

static 函数类型 函数名 (形参表列)

例如:

static int fun( )

外部函数是指可以被同一程序中其他源文件中的函数调用,称外部函数,其格式为:

extern 函数类型 函数名 (形参表列)   //extern 可以省略

例如:

extern int fun( )   // extern 可以省略,int fun( )

需要注意以下事项。

(1) 多个源文件组成一个程序时,main( ) 函数只能出现在一个源文件中。

(2) 多个源文件组成一个程序时,它们的连接方式有以下三种:

1) 使用头文件包含命令;

2) 建立项目文件;

3) 将各源文件分别编译成" . obj"目标文件,得到多个目标文件" . obj",用连接命令把多个" . obj"文件连接起来,生成一个可执行文件。

函数是指可以被其他程序调用的,具有特定功能的一段相对独立的程序,引入函数的目的有两个:一是为了解决代码的重复;二是结构化模块化编程的需要。

在解决一个比较大或者复杂的问题时,通常采用分解、分块来解决的办法,也就是把一个大的问题和复杂的应用程序,分解成若干个比较容易求解的小问题。把整个程序划分为若干个功能单一的程序,然后分别求解,分别实现。程序模块拟的搭积木一样组合起来,这种方法称为模块化程序设计。函数可以实现程序的模块化设计,使程序设计变得简单和直观,提高程序的易读性和可维护性。

1.3.3 预处理命令

C 语言中提供了各种编译预处理命令,其作用是向编译系统发出命令,在编译环境对源程序进行编译前,编译系统会先对程序中的这些特殊命令进行预处理,然后将预处理的结果和源程序一起进行编译处理,以得到目标代码,预处理命令以"#"开头,行末不能加分号。

C 语言中常用的预处理命令如下。

(1)文件包含命令:

```
#include< … >
```

(2)宏定义命令:

```
#define …
```

(3)条件编译命令:

```
#if(常量表达式)    程序段 1
#else              程序段 2
#endif
```

注意:若常量表达式成立,则编译程序 1,否则编译程序 2。

1.3.4 C51 的常用头文件

(1)reg51. h:定义 51 特殊寄存器和位寄存器,定义 51 单片机特殊功能寄存器和位寄存器。

(2)reg52. h:定义 52 特殊寄存器和位寄存器,与 reg51. h 基本相同,只是比 reg51. h 多几条定义,比如对定时计数器 T2 的定义。

(3)math. h:定义常用数学运算,比如求绝对值、求方根、求正弦、求余弦等。

(4)stdio. h:标准输入和输出程序。

(5)stdlib. h:存储区分配程序。

(6)absacc. h:包含允许直接访问 8051 不同存储区的宏定义。

(7)assert. h:文件定义 assert 宏,可以用来建立程序的测试条件。

(8)ctype. h:字符转换和分类程序。

(9)intrins. h:文件包含指示编译器产生嵌入式固有代码的程序原型。

(10)stdarg. h:可变长度参数列表程序。

(11)string. h:字符串操作程序、缓冲区操作程序。

（12）setjmp. h：定义 jmp_buf 类型和 setjmp 和 longjmp 程序的原型。

1.3.5　单片机 C51 与标准 C 语言的区别

C51 是在标准 C 基础上的应用，C51 使用专用的编译器（比如 keil），C51 编译器是为 51 单片机专门设计的编译平台。C51 与标准 C 的主要区别在以下几点。

1.3.5.1　头文件的差别

C51 的头文件针对的是单片机的硬件结构，不同的单片机内部结构各不相同，C51 的头文件，定义了不同芯片的不同资源和功能。使用时，只要将对应的头文件包含在源程序中，头文件的定义就可以得到应用。

1.3.5.2　数据类型的差别

C51 新扩展的数据类型见表 1-10。

表 1-10　C51 新扩展的数据类型

sbit	
sfr	单片机特殊功能寄存器地址
sfr16	
bit	单片机新扩展的

注：1. sbit：定义特殊功能寄存器的一位，特殊寄存器位变量声明，定义单片机的一个端口，取值 0~1；

    2. sfr：定义为 8 位二制数，特殊功能寄存器声明（8 位）；

    3. sfr16：定义为 16 位二制数，特殊功能寄存器声明（16 位）；

    4. bit：定义 1 位二制数，取值 0~1。

1.3.5.3　数据存储类型的差别（数据存储区）

C51 新扩展的数据存储类型有 data，bdata、pdata、xdata、idata、code。

PC 机只有一个统一的内存空间，而单片机分别有片内、片外程序存储器和数据存储，所以 C51 增加了针对不同存储区域的关键字。

1.3.5.4　库函数的差别

由于 C51 主要针对的是单片机的硬件结构，部分标准 C 语言的库函数，没有包含在 C51 库函数中（如图像函数等）。

1.3.5.5　函数的差别

C51 增加了中断函数和重入函数两个函数类型。interrupt 就是定义中断函数声明时用的扩展的关键字。

C51 单片机扩展的关键字如下。

bit、sbit、sfr、sfr16

data、bdata、pdata、xdata、idata、code

_at_、_task_

alien、interrupt、small、large、using、reentrant、compact

2 51 单片机内部功能模块程序应用

2.1 51 单片机特殊功能寄存器

单片机的内部功能模块，是单片机应用的基础，要使用这些功能模块，就要掌握基本的 21 个特殊功能寄存器的使用。

单片机的特殊功能寄存器是专用的、固定的寄存器。特殊功能寄存器（SFR）是用来对片内各功能模块进行设置、控制、管理和监视、查询其状态变化的专用寄存器。单片机的特殊功能寄存器的数量根据单片机的系列和型号的不同而不同。传统 51 系列单片机共有 21 个特殊功能寄存器（11 个特殊功能寄存器可位寻址操作，其地址能被 8 整除的可以位寻址），C52 系列和 S 系列有 26 个，而 STC15 系列多达 81 个。

2.1.1 21 个特殊功能寄存器

21 个特殊功能寄存器不连续地分布在 128 个字节的 SFR 存储空间中，地址空间为 80H-FFH，在这片 SFR 空间中，包含有 128 个位地址空间，地址也是 80H-FFH，但只有 83 个有效位地址。C51、C52 单片机特殊功能寄存器见表 2-1。

表 2-1 C51、C52 单片机特殊功能寄存器

序号	寄存器符号	名 称 功 能	地址	可位寻址
1	B	B 寄存器	F0H	√
2	ACC	累加器	E0H	√
3	PSW	程序状态字	D0H	√
4	IP	中断优先级控制寄存器	B8H	√
5	P3	P3 口锁存器	B0H	√
6	IE	中断允许控制寄存器	A8H	√
7	P2	P2 口锁存器	A0H	√
8	SBUF	串行口数据寄存器	99H	
9	SCON	串行控制寄存器	98H	√
10	P1	P1 口锁存器	90H	√
11	TH1	定时器/计数器 1(高 8 位)	8DH	
12	TH0	定时器/计数器 0(高 8 位)	8CH	
13	TL1	定时器/计数器 1(低 8 位)	8BH	
14	TL0	定时器/计数器 0(低 8 位)	8AH	
15	TMOD	T0、T1 定时器/计数器模式寄存器	89H	

序号	寄存器符号	名 称 功 能	地址	可位寻址
16	TCON	T0、T1 定时器/计数器控制寄存器	88H	√
17	PCON	电源控制寄存器	87H	
18	DPH	数据地址指针（高 8 位）	83H	
19	DPL	数据地址指针（低 8 位）	82H	
20	SP	堆栈指针	81H	
21	P0	P0 口锁存器	80H	√
22	TH2	定时器/计数器2(高 8 位)	CDH	
23	TL2	定时器/计数器2(低 8 位)	CCH	
24	RCAP2H	外部输入（P1.1）计数器，自动再装入模式时初值高八位	CBH	
25	RCAP2L	外部输入（P1.1）计数器，自动再装入模式时初值低八位	CAH	
26	T2CON	T2 定时器/计数器控制寄存器	C8H	

注：后面 5 个寄存器为 C52 具有。

21 个特殊功能寄存器分类如下：

（1）与 CPU 有关的（6 个），包括 ACC、B、PSW、SP、DPL、DPH，其中 2 个 8 位的寄存器 DPL、DPH 组成 16 位的数据指针 DPTR；

（2）与中断有关的（2 个），包括 IE、IP；

（3）与定时器有关的（6 个），包括 TMOD、TCON、TH0、TL0、TH1、TL1；

（4）与并行接口有关的（4 个），包括 P0、P1、P2、P3；

（5）与串行接口有关的（3 个），包括 SCON、PCON、SBUF。

51 单片机常用的特殊功能寄存器包括 TMOD 模式寄存器、TCON 控制寄存器、IE 中断允许寄存器、IP 中断优先级寄存器、SCON 串行控制寄存器和 PCON 电源控制寄存器，分别见表 2-2~表 2-7。

表 2-2　TMOD 模式寄存器

GATE	C/T	M1	M0	GATE	C/T	M1	M0
门控位	定时/计数	工作方式					

注：高 4 位控制 T1，低 4 位控制 T0。

表 2-3　TCON 控制寄存器（位控制）

TF1	TR1	TF0	TR0	IE1	IT1	IE0	IT0
T1 中断标志位	T1 启停	T0 中断标志位	T0 启停	外部中断1标志位	外部中断1触发方式	外部中断0标志位	外部中断0触发方式

表 2-4　IE 中断允许寄存器（位控制）

EA			ES	ET1	EX1	ET0	EX0
总中断允许			串行允许	T1 中断允许	外部中断 1 允许	T0 中断允许	外部中断 0 允许

表 2-5　IP 中断优先级寄存器（位控制）

			PS	PT1	PX1	PT0	PX0
			串行中断	T1 中断	外部中断 1	T0 中断	外部中断 0

表 2-6　SCON 串行控制寄存器（位控制）

SM0	SM1	SM2	REN	TB8	RB8	TI	RI
串行 4 种工作方式	多机通信控制位	串行接收控制位	发送的第 9 位数据	接收的第 9 位数据	发送中断标志位	接收中断标志位

表 2-7　PCON 电源控制寄存器

SMOD				GF1	GF0	PD	IDL
串行通信波特率乘 2 位						为 1 时进入掉电模式	为 1 时进入空闲模式

2.1.2　51 单片机的定时器计数器应用说明

单片机的定时器计数器是应用最多的功能模块。定时器/计数器有以下四种工作方式。

（1）方式 0(00)：13 位定时器/计数器，$2^{13} = 8192$。

（2）方式 1(01)：16 位定时器/计数器，$2^{16} = 65536$。

（3）方式 2(10)：8 位定时器/计数器，$2^8 = 256$，自动装初值。

（4）方式 3(11)：8 位定时器/计数器，$2^8 = 256$。

2.1.2.1　方式 0 与方式 1

方式 0 与方式 1 内部结构一样，只是计数的最大值不同，方式 0 为 13 位，方式 1 为 16 位。

方式 1 完全可以取代方式 0，实际使用中也是方式 1 用得最多。

2.1.2.2　方式 2

方式 2 是把 16 位分为两个 8 位（高 8 位和低 8 位），高 8 位自动向低 8 位装初值。方式 2 虽然计数范围比较小，但是可以自动装初值，因此适合计数范围较小、需要重复计数的地方。如：重复的信号输出，波特率输出，脉冲信号发生器等。

2.1.2.3　方式 3

方式 3 是把 T0 被分为两个 8 位的定时器计数器 TL0 和 TH0（T1 只能作为波特率发生

器），其功能见表2-8。

表2-8　TL0和TH0的功能

计数器类型	用到的控制位	功　能
TL0	GATE、C/T、TR0、TF0、INT0	定时器、计数器
TH0	TR1、TF1、ET1	定时器

注：使用T1的控制位、占用T1的中断请求源。

　　方式3只能T0专用，将T0划分为高8位和低8位两个定时器/计数器。如果T0工作在方式3时，T0的低8位用T0的控制位来控制，T0的高8位就要用T1的控制位如TR1来控制，T1的控制位就被TR0给占用了。所以T1不能为方式3。T1的控制位TR1已经被T0的高八位占用，T1就不能用做定时器、计数器了，只能用作串口通信的波特率，T1设置好后不用启动就自动运行。假如要停止运行，方法：把T1设置成方式3，就停止了。

　　T0为方式3时，T1仍然能工作在方式0、方式1、方式2，但只能用作串行通信的波特率发生器，和用于不需要使用中断的场合，因为T0已占用了T1的中断请求源（也就是说不能作为正常的定时器/计数器使用）。反过来说，也只有T1作为波特率发生器时，T0才能工作在方式3，如果T1已经作为正常的定时器/计数器使用，就要用到TR1、TF1等控制位，T0就不能为方式3了，T0再用方式3就冲突了。

　　T1工作在为串口提供波特率的情况下，T1就不需要启动和停止了，所以把T1的TR1、TF1划给了T0使用。这个时候如果T1要停止波特率，可把T1设置成方式3（TMOD=0x30;），就表示T1停止工作了。

　　T1作为波特率发生器时，一般都是设置成方式2，因为方式2可以自动装初值，程序编写简单，波特率误差小。

　　T0工作在方式3时，T0的TL0可作定时器、计数器使用，但T0的TH0只能作为定时器使用，而不能作为计数器使用。方式3低8位TL0的作用与方式2基本相同，只是不能自动装初值，即方式2可以自动装初值，方式3不能自动装。

　　方式3是为了同时需要使用1个8位的定时器或计数器、1个8位的定时器、和1个串行口波特率发生器的应用场合而提供的。

2.1.3　定时器初值的计算

　　高8位低8位的分离计算，16进制数转换的简便计算方法：

$$初值 = 最大值 - 定时时间/1个机器周期的时间$$
$$= 最大值 - 定时时间/(1/Fosc * 12) \tag{2-1}$$

　　例如，用定时器T0，工作方式为1，晶振为12M，需定时时间为50ms。计算初值，并转换成高8位和低8位16进制数。

　　计算方法如下：先计算初值，然后用初值除以256，分出高8位和低8位；高8位和低8位再分别除以16，又可分出1个字节的高4位和低4位；最后得出4位16进制数。

$$2^{16} - \frac{50000\mu s}{1 \text{ 个机器周期}} = 65536 - \frac{50000\mu s}{1\mu s} = 65536 - 50000 = 15536$$

$$15536/256 = 60\cdots\cdots176 = 0x3cb0$$

$$60/16 = 3\cdots\cdots12 \qquad 176/16 = 11\cdots\cdots0$$
$$= 0x3c \qquad\qquad = 0xb0$$

TH0 = 0x3c;
TL0 = 0xb0

2.2 定时器的应用编程

2.2.1 用工作方式 0

用工作方式 0 的要求：用定时器 T0，用工作方式 0，1s LED 灯闪烁一次，P2 口控制 8 只 LED 灯闪烁。

其硬件原理图如图 2-1 所示。

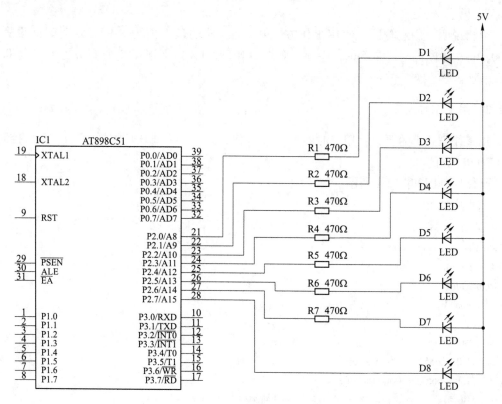

图 2-1 定时器控制 LED 灯

　　源程序如下：

```
#include<reg51. h>
#define uchar unsigned char
#define uint unsigned int
void main(    )
{   uchar k;
    P2 = 0xff;
    TMOD = 0x00;                    //方式 0
    TH0 = (8192−5000)/256;         //T0 的初值
    TL0 = (8192−5000)%256;
    TR0 = 1;
    while(1)                        //无限循环
    {   for(k = 0;k<100;k++)        //循环 100 次,起延时作用
        {   while( ! TF0);          //TF0 为 0 时等待
            TF0 = 0;
            TH0 = (8192−5000)/256;  //重装初值
            TL0 = (8192−5000)%256;
        }
        P2 = ~P2;                   //P2 口按位取反
    }
}
```

　　分析说明：用定时器，使用工作方式 0，定时器的最大值为 8192，定时时间设置为 5000，每次中断的时间是 5ms，中断 100 次为 0.5s；P2 口上连接 8 个 LED 小灯，每 0.5s 取反一次，1s 闪烁一次。

2.2.2　用工作方式 1

　　用工作方式 1 的要求：用定时器 T0，用工作方式 1，1s LED 灯闪烁一次，P2 口控制 8 只 LED 灯闪烁。

　　硬件原理图如图 2-1 所示。

　　源程序如下：

```
#include<reg51. h>
#define uchar unsigned char
#define uint unsigned int
void main(    )
{   uchar k;
    P2 = 0
    TMOD = 0x01;                    //方式 1
    TH0 = (65536−50000)/256        //T0 的初值
    TL0 = (65536−50000)%256;
    TR0 = 1;                        //启动 T0
    wile(1)                         //无限循环
```

```
    }
    For(k=0;k<10;k++)              //循环10次,起延时作用,延时500ms
    {  while(！TF0);               //TF0为0时等待
       TF0=0;
       TH0=(65536-50000)/256;      //重装初值
       TL0=(65536-50000)%256;
    }
    P2=~P2;                        //P2口按位取反,500ms取反一次
    }
}
```

分析说明如下。

（1）本程序与2.2.1节程序一样，只是由工作方式0变为工作方式之1，初值也相应作了改变。

（2）本程序采用方式1与前一个方式0的运行效果完全一样，都是连接在P2口上的8个LED小灯每秒钟闪烁一次。

（3）两个程序的硬件原理图也一样，源程序也基本一样，只是一些数据做了改变，改动的地方具体见加黑部分。

（4）MOD寄存器的赋值由0x00变为0x01；定时初值由（8192～5000）变为（65536～50000），for循环次数也由100次变为10次。

2.2.3 用工作方式2

用工作方式2的要求：用定时器T1，工作方式2，自动装初值，从P21口输出2500Hz方波。

其硬件原理图如图2-2所示。

源程序如下：

```
#include<reg51.h>
#define uchar unsigned char
#define uint unsigned int
sbit P21=P2^1;
void main(   )
{  TMOD=0x20;                    //方式2
   TH1=256-200;                  //T1的初值
   TL1=256-200;
   TR1=1;
   while(1)                      //无限循环
   {  while(！TF1);              //TF0为0时等待
      TF1=0;
      P21=！P21;                 //P20取反
   }
}
```

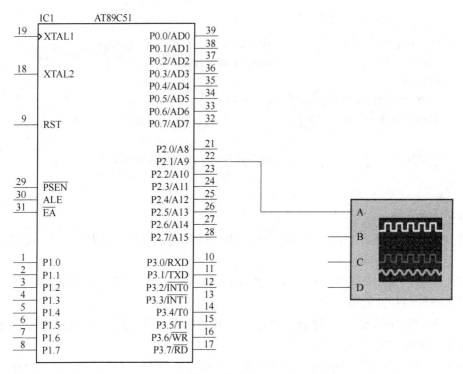

图 2-2　定时器(工作方式 2)硬件原理图

分析说明如下。

（1）用定时器 T1，工作方式 2 为自动装初值，所以只要初始化时，设置 1 次初值就不用再赋初值了。

（2）由于需要输出的方波信号是 2500Hz，周期应为 400μs，定时时间为 200μs，所以初值是 TL1＝256－200。主函数中，采用无限循环查询中断标志位 TF1，当计数 200 次，计数器到最大值，TF1 变 1，执行 P21 取反。

2.2.4　用工作方式 3

用工作方式 3（方式 3 只能 T0 专用）的要求：用定时器 T0、工作方式 3，P20 输出控制 LED 灯、P21 输出 10KHz 方波。

其硬件原理图如图 2-3 所示。

源程序如下：

```
#include<reg51. h>
sbit P20 = P2^0;
sbit P21 = P2^1;
void timer_L(   ) interrupt 1    //T0 低 8 位计数器中断
{   TL0 = 0xff;                  //低 8 位重装初值
    P20 = ! P20;                 //控制灯亮灭
}
void timer_H(   ) interrupt 3    //T0 高 8 位定时器中断
```

```
    {   TH0 = 0xce;                    //高 8 位重装初值
        P21 = ! P21;                   //输出 10KHz 方波
    }
void  main( )
    {   TMOD = 0x27;                   //T0 为工作方式 3，T0 的低 8 位 TL0 为计数器，T0 的高 8 位 TH0 为定
                                         时器，T1 为定时器，工作方式 2，自动装初值
        TL0 = 0xff;                    //初值为 255，加 1 就溢出中
        TH0 = 0xce;                    //初值为 206，定时 50μs
        TL1 = 0xfd;                    //波特率 9600
        TH1 = 0xfd;
        TR0 = 1;                       //开启 T0 低 8 位
        TR1 = 1;                       //开启 T0 高 8 位
        EA = 1;                        //打开总中断
        ET0 = 1;                       //允许 T0 低 8 位中断
        ET1 = 1;                       //允许 T0 高 8 位中断
        while( 1 );                    //等待
    }
```

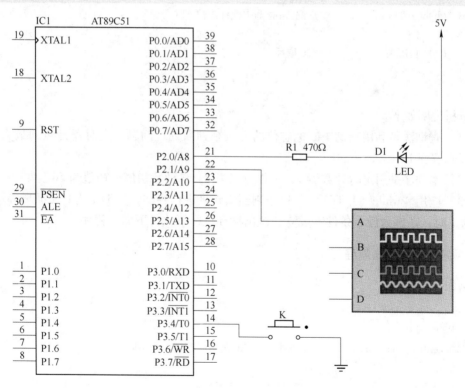

图 2-3　定时器控制 LED 灯、输出方波

分析说明：本程序是把定时器 0 设为工作方式 3，定时器 1 设置为工作方式 2 产生串口通信波特率。T0 为工作方式 3，T0 的低 8 位 TL0 为计数器，T0 的高 8 位 TH0 为定时器，T1 为工作方式 2（产生 9600 的波特率）。

执行结果：每次按下接在 T0 计数输入端口上的开关 K 时，LED 灯就会亮或灭一次。P21 口输出 10KHz 方波，T1 为串行通信产生 9600 的波特率。

提示：T0 的低 8 位 TL0，用 T0 的工作模式寄存器来设置，可设置为定时器，也可设置为计数器。T0 的高 8 位 TH0，工作模式只能为定时器，不能为计数器，用 T1 的控制位 TR1、TF1。

2.2.5　定时器查询法编程

例如：

```
#include<reg51.h>
sbit P20=P2^0;
void main(  )
｛   TMOD=0x20;          //方式2,自动装初值
    TH1=256-200;         //T1 的初值
    TL1=256-200;
    TR1=1;               //启动 T1
    while(1)             //无限循环
｛   while(！TF1);        //查询法:查询中断标志位 TF1
    TF1=0;
    P20=！P20;           //P20 取反
    ｝
｝
```

分析说明如下。

（1）查询法是利用查询中断标志位的方法来判断处理问题，定时器计数到最大值时，中断标志位变 1。

（2）本程序是用定时计数器 1，工作方式为 2，自动装初值，初值为 56。

（3）应用"while（！TF1）；"这条判断语句来进行查询，当 TF1 为 0 时循环等待，当 TF1 为 1 时，条件为假，条件不成立，跳出循环，往下执行下面的程序。

2.2.6　定时器中断法编程

例如：

```
#include<reg51.h>
sbit P20=P2^0;
void timer0(  )interrupt 1          //中断法:T0 定时时间到产生中断
｛
P20=！P20;
TH0=(65536-50000)/256;           //从装 T0 的初值
TL0=(65536-50000)%256;
｝
void main(  )
｛   TMOD=0x01;                   //T0 方式 1
```

```
P20 = 0;
TH0 = (65536-50000)/256;        //装初值
TL0 = (65536-50000)%256;
EA = 1;
ET0 = 1;                        //打开 T0 源中断
TR0 = 1;
while(1);                       //无限循环
}
```

分析说明如下。

（1）中断法是利用产生中断时，执行中断函数来处理问题，定时器计数到最大值时中断标志位变 1，程序跳转到中断函数执行。

（2）本程序是用定时计数器 0，工作方式为 1 初值为 15536。

（3）每次产生中断，P20 取反 1 次，并从新装初值。

2.2.7　GATE 门控位的应用

GATE 门控位的应用的要求：运用 GATE 门控位的作用，T1 定时器、方式 1，对 P33 口输入的脉冲高电平宽度进行测量，用 T1 定时+中断的方法。

其硬件原理图如图 2-4 所示。

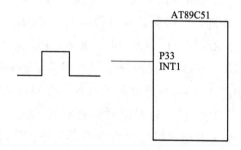

图 2-4　门控位 GATE 测量脉冲宽度

源程序如下：

```
#include<reg51.h>
#define uchar unsigned   char
#define uint unsigned   int
sbit   P33 = P3^3;
uint k;
unsigned long Hdata;
void   timer1(   )interrupt   3          //定时器 T1 中断函数
{
K++;                                     //每中断 1 次自动加 1
}
void main(   )
```

```
    {   TMOD = 0x90;                      //T1 定时器方式 1    0x90 = 0b10010000
        EA = 1;                           //开总中断
        ET1 = 1;                          //开定时器 1 中断
        IT1 = 1;                          //边沿触发
        TR1 = 0;
        while(1)                          //无限循环
        {  K = 0;
           TH1 = 0;                       //T1 的初值回 0
           TL1 = 0;
           while(P33 == 1);               //如果外部 P33 输入的脉冲为高电平,就在此等待。
                                            如果为低电平则往下执行
           TR1 = 1;                       //如果为低电平,启动定时器 1,但还没开始计数
           while(P33 == 1);               //如果外部输入的脉冲为高电平,开始计数,并在此等
                                            待。如果为低电平,停止计数,并往下执行
           TR1 = 0;                       //停止定时器 T1
           Hdata = (65536 * k) + (TH1<<8) + TL1;  //对高电平宽度期间的计数值进行计算
        }
    }
```

分析说明如下。

(1) 运用 GATE 门控位的作用对脉冲高电平宽度进行计数测量,用定时器 T1,工作方式 1,定时器 1 每次定时中断,全局变量 K 自动加 1,K 代表了中断的次数。

(2) 最终的高电平脉冲期间的总计数值 Hdata 就为 "Hdata = (65536 * k) + (TH1<<8) + TL1;",只要将这个值乘以 1 个机器周期的时间,就可得出正脉冲宽度所占的时间。

计数测量的原理:利用 GATE = 1 时,必须具备两个条件 (P34 = 1;TR = 1;) 定时计数器才能启动,所以先使 "TR = 1;",这时定时器还不能计数,直到脉冲高电平到来时,定时器 T1 才开始计数,当脉冲高电平跳变为低电平时又停止计数。每次定时计数测量后都使两个计数寄存器清 0,"TH1 = 0;" "TL1 = 0;"。

提示:定时器方式 0 和方式 1 相同,区别只是计数器的位数不同;方式 3 和方式 2 基本相同,方式 3 只是不能自动装初值,只能 T0 专用。一般使用方式 1 和方式 2 较多,其他两种用得较少。

2.3　计数器的应用编程

当工作在计数器模式时,计数脉冲从外部引脚 T0 或 T1 输入,当输入信号产生由 1 到 0 的负跳变时,计数器自动加 1,每个机器周期的 S5P2 期间,CPU 对输入脉冲进行采样,如第 1 个机器周期采样的值是 1,第 2 个机器周期采样的值是 0,则计数器自动加 1。所以检测到一次负跳变需要两个机器周期 (24 个晶振周期),所以计数脉冲的最高频率 = 晶振频率/24。

2.3.1 用工作方式 2

计用工作方式 2（计数器，自动装初值）的要求：按计数开关 3 次，蜂鸣器响一声，用计数器 T1，工作方式 2。

硬件原理图如图 2-5 所示。

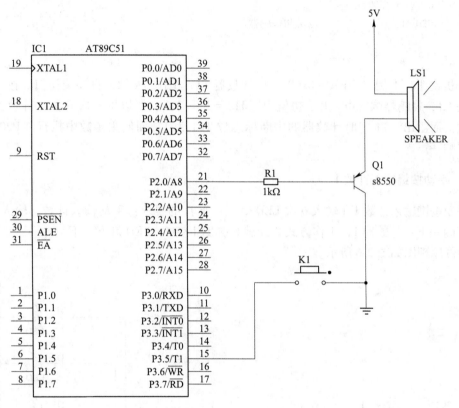

图 2-5 计数器(工作方式 2)硬件原理图

源程序如下：

```
#include<reg51.h>
#define uchar unsigned char
#define uint unsigned int
sbit P20=P2^0;
void delay1ms(uint t)            //延时函数
{  uchar i,j;
    for(i=0;i<t;i++)
    for(j=0;j<120;j++)
}
void main(   )
{  TMOD=0x60;                    //T1 计数器、工作方式 2
    TH1=256-3;                   //T1 的初值
```

```
        TL1 = 256-3;
        TR1 = 1;
        while(1)                //无限循环
        {   while(! TF1);       //TF1 为 0 时等待
            TF1 = 0;
            P20 = 0;            //有源蜂鸣器响
            delay1ms(500);
            P20 = 1;            //关闭蜂鸣器
        }
    }
```

分析说明：本例"TMOD＝0x60;"用计数器 T1，工作方式 2，自动装初值。按 3 次计数开关 K1，蜂鸣器响一声。由于初值为"TL1＝256－3;"，所以按三次开关，计数器就到达最大值而溢出，T1 定时计数器的中断标志位 TF1 为 1，而使主函数中执行"P20＝0;"蜂鸣器响一声。

2.3.2　手动按键输入计数 1

手动按键输入计数 1（输入 6 次 LED 灯亮一下）的要求：手动输入计数，输入 6 次，LED 灯闪一下：计数器 1，工作方式 2 计满 6 次 TF1 变 1；LED 灯亮一下。

硬件原理图如图 2-6 所示。

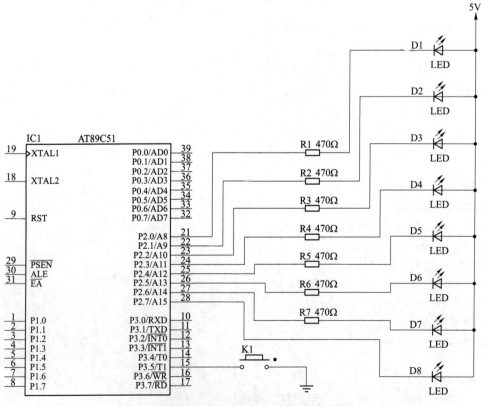

图 2-6　计数器(手动按键输入计数)硬件原理图

源程序如下:

```
#include< reg51.h >
#define LED P2
void delay_ms( unsigned int ms)        //毫秒级延时函数
{ unsigned int i,j;
    for(i=0;i<ms;i++)
    for(j=0;j<120;j++);
}
void main(   )
{   TMOD=0x60;                         //T1 计数器,工作方式 2
    TH1=250;                           //T1 初值
    TL1=250;
    TR1=1;
    while(1)                           //无限循环
    {
    if(TF1==1)                         //计数到满值,TF1 变 1,往下执行
    {  TF1=0;
       LED=0x00;                       //LED 灯亮一下
       delay_ms(500);
       LED=0xff;
    }
    ;
    }
}
```

分析说明:此例是运用计数器 T1 作计数,用工作方式 2,自动装初值,初值为 250,因此,6 次输入后就达到最大值,中断标志位 TF1 变 1,main 函数里的 if (TF1==1) 判断成立后,就使 P2 口的 8 只 LED 灯闪烁一下,表示计满 6 次。

2.3.3 手动按键输入计数 2

手动按键输入计数 2(LED 数码显示输入次数)的要求:用计数器 T0 计数,方式 2,自动装初值,初值为 246,计数 10 次产生中断,每按一次 K1,计数加 1,LED 数码管显示计数值,按 10 次后回 0,P10 口上的 LED 灯闪一下。

硬件原理图如图 2-7 所示。

源程序如下:

```
#include<reg51.h>
#define uchar unsigned char
#define uint unsigned int
unsigned int count;
sbit P10=P1^0;
unsigned char code
tab[  ]={0x28,0x7e,0xa2,0x62,0x74,0x61,0x21,0x7a,0x20,0x60};
                          //0~9 段码  2000 型实验箱  共阳段码表
```

```
void delay1(void)                    //显示用延时函数1
{
uchar i;
for(i=0;i<100;i++);
}
void delay2(void)                    //显示用延时函数2
{  uint i;
   for(i=0;i<300;i++);
}
void display(int k)                  //LED数码管显示函数
{
P2=0xdf;                             //位码  百位   1101 1111
P0=tab[k%1000/100];                  //百位值
delay2(  );
P0=0xff;
delay1(  );
P2=0xbf;                             //位码  十位   1011 1111
P0=tab[k%100/10];                    //十位值
delay2(  );
P0=0xff;
delay1(  );
P2=0x7f;                             //位码  个位   0111 1111
P0=tab[k%10];                        //个位值
delay2(  );
P0=0xff;
delay1(  );
}
void time0_int(void)interrupt 1      //T0中断函数
{  unsigned char i;
   //count++;
   P10=0;
   for(i=0;i<200;i++)                //约500ms延时
   void delay2(  );
   P10=1;
}
void main(  )
{  P10=0;
   //count=0;                        //变量清0
   TMOD=0x06;                        //T0,计数,方式2
   TH0=246;                          //初值
   TL0=246;
   EA=1;
```

```
    ET0 = 1;
    TR0 = 1;
    while(1)
    display(TL0−246);       //显示计数值
}
```

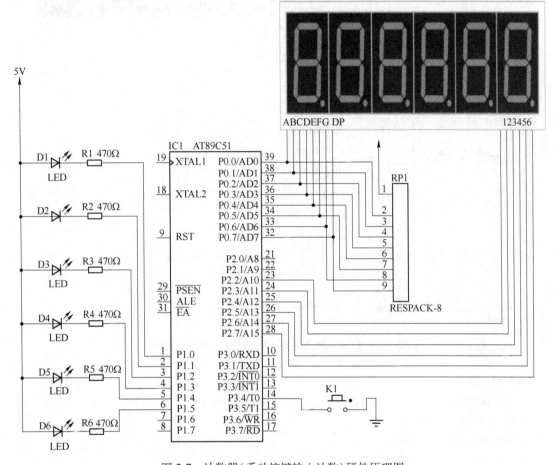

图 2-7　计数器(手动按键输入计数)硬件原理图

分析说明：本例是用计数器 T0 计数，从 P34 口输入，工作方式 2，自动装初值，初值为 246，计数 10 次产生中断，每按一次 K1，计数加 1，LED 数码管显示计数值（1～10），按 10 次后回 0，按 10 次后 T0 计数器产生中断，中断函数中使 P10 口上的 LED 灯闪一下，T0 计数器的初值是 TL0 = 246；程序中的段码表是按 2000 实验箱的排列，在实验中，可根据相应的硬件修改就能正确显示，位码也是如此要根据硬件原理图作对应的修改。

2.3.4　555 振荡脉冲输入计数

555 振荡脉冲输入计数（LED 数码显示输入次数）的要求：T0 为计数器，方式 1，将 555 输入脉冲的个数进行计数，计数值在 LED 数码管上显示。

硬件原理图如图 2-8 所示。

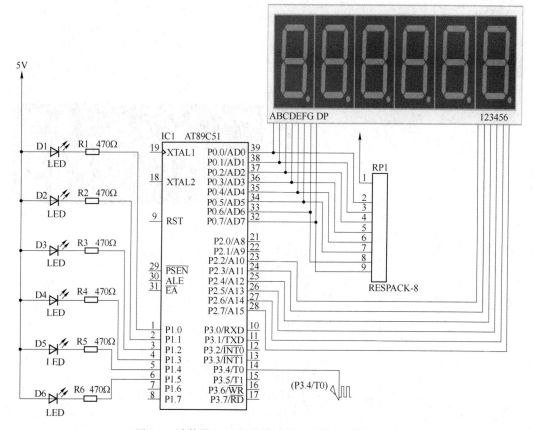

图 2-8　计数器(555 振荡脉冲输入计数)硬件原理图

源程序如下：

```
//用 2000 型实验箱做 555 计数验证性实验   探究性实验   555 脉冲从计数口输入
#include <reg51. H>
#define uchar unsigned char
#define uint   unsigned int
unsigned int   gdata;
unsigned char code
tab[  ] = {0x28,0x7e,0xa2,0x62,0x74,0x61,0x21,0x7a,0x20,0x60};
                              //0~9 段码   2000 型实验箱   共阳段码表
void delay1( void)            //显示用延时函数 1
{  uchar i;
   for( i = 0;i<100;i++) ;
}
void delay2( void)            //显示用延时函数 2
{  uint i;
   for( i = 0;i<300;i++) ;
}
```

```
void display( int k)              //显示函数  入口值:K   返回值:无
{   P2 = 0xfe;                    //位码  千万位  011 1111
    P0 = tab[k/10000000];         //千万值
    delay2( );                    //延时
    P0 = 0xff;                    //段消隐
    delay1( );

    P2 = 0xfd;                    //位码  百万位  1011 1111
    P0 = tab[k%10000000/1000000]; //百万值
    delay2( );                    //延时
    P0 = 0xff;                    //段消隐
    delay1( );

    P2 = 0xfb;                    // 位码   十万位   11010 1111
    P0 = tab[k%1000000/100000];   //十万值
    delay2( );                    //延时
    P0 = 0xff;
    delay1( );

    P2 = 0xf7;                    //位码  万位   1110 1111
    P0 = tab[k%100000/10000];     //万位值
    delay2( );                    //延时
    P0 = 0xff;
    delay1( );

    P2 = 0xef;                    //位码  千位
    P0 = tab[k%10000/1000];       //千位值
    delay2( );                    //延时
    P0 = 0xff;                    //段消隐
    delay1( );

    P2 = 0xdf;                    //位码  百位
    P0 = tab[k%1000/100];         //百位值
    delay2( );                    //延时
    P0 = 0xff;                    //段消隐
    delay1( );

    P2 = 0xbf;                    //位码  十位
    P0 = tab[k%100/10];           //十位值
    delay2( );                    //延时
    P0 = 0xff;                    //段消隐
    delay1( );

    P2 = 0x7f;                    //位码   个位
    P0 = tab[k%10];               //个位值
    delay2( );                    //延时
    P0 = 0xff;                    //段消隐
    delay1( );
}
```

```
void conut(void)                        //计数值计算函数
{
gdata = TH0 * 256+TL0;
}
void zd0(   ) interrupt 1               //T0 中断函数,将 T0 计数寄存器回 0
{
  TH0 = 0;
  TL0 = 0;
}
void   main( void )
{
  TMOD = 0x05;                          //设 T0 为计数,方式 1
  TH0 = 0;                              //T0 初值
  TL0 = 0;
  EA = 1;                               //开启总中断
  ET0 = 1;                              //允许 T0 中断
  TR0 = 1;                              //开启计数器 T0
  while(1)
  {
  conut(   );                           //计数值计算
  display(gdata);                       //显示计数值
  }
}
```

分析说明：T0 设置为计数器，工作方式为 1，从 P34 口输入计数脉冲，将 555 输入脉冲的个数进行计数，计数值在 LED 数码管上显示。由于采用工作方式 1，最大值为 66536。conut（void）是计数值计算函数，负责将计数值计算出来，供显示函数显示。

2.4 中 断 应 用

程序中使用中断可以减少单片机机 CPU 的工作量。

2.4.1　单片机处理中断的过程

2.4.1.1　中断响应
单片机感知中断的方法就是，不断地检测判断引脚或标志位，当引脚变为高电平或者低电平，中断标志位变 1 或 0 时。中断源发出中断请求后，对应的中断标志位为 1，CPU 在执行程序的过程中，对中断标志位进行查询，一旦查询到标志位为 1，就表示中断产生了。

2.4.1.2　中断处理
A　停止主程序运行
CPU 将当前正在进行的指令执行完毕后，停止主程序运行，终止现在执行的程序。

B 保护断点地址

保护断点地址就是把程序计数器 PC 的值压入堆栈保护，以便中断响应结束后能返回到断点地址继续执行指令。然后将中断入口地址又赋给程序计数器 PC，以便程序跳转到中断入口地址执行。

C 保护现场

在执行中断服务程序之前，先将主程序中用到的累加器 A、寄存器 B、程序状态寄存器 PSW、数据地址指针 DPTR 等内容压入堆栈保护起来。避免中断服务程序用到上述寄存器时，会破坏它们原来存储的数据。当返回主程序之前，也要恢复现场。

在 C 程序中运用的是 using 指定的工作寄存器组来进行现场保护。

D 转到中断入口地址

程序计数器 PC 指向对应的中断入口地址，去执行中断服务程序。

2.4.1.3 中断返回

用中断返回指令 RETI 来返回。

执行完中断程序后，从堆栈中恢复程序计数器 PC，并恢复现场。将保护现场过程中压入堆栈的相关数据从堆栈中弹出，保证程序返回断点时能正确执行。

2.4.2 中断源、中断号、中断入口地址、自然优先级

中断源、中断号、中断入口地址、自然优先级的对应关系见表2-9。

表2-9 中断源、中断号、中断入口地址、自然优先级

中断源	中断号	中断入口地址	自然优先级
外部中断 INT0	0	0003H	高
定时计数器 T0	1	000bH	↓
外部中断 INT1	2	0013H	
定时计数器 T1	3	001bH	低
串行通信 TI、RI	4	0023H	

注：1. 各个中断源的服务程序入口地址都是固定的，两个中断入口地址之间都是只相隔 8 个字节，所以入口地址都是 $8 \times n + 3$；

2. 一般情况下，8 个字节放置一段服务程序是不够的，因此一般都是在这 8 个字节空间内放置一条无条件跳转指令，使程序跳转到其他地址存放的中断服务程序去运行。

中断的优先顺序：

（1）首先按高优先、低优先来排列，高优先在前；

（2）如果是同级优先，则按自然优先顺序来排列。

中断的撤销：

（1）被响应后，硬件会自动把中断请求标志位置 0；

（2）串行通信中断标志位 TI、RI，CPU 不会自动进行清 0，需要人工在程序中把 TI、RI 中断标志位回 0；

（3）外部中断如采用低电平触发，CPU 虽然会自动把中断标志位自动清 0，但如果低电平的时间过长，就会造成重复中断，因此在中断响应之后，要注意把中断请求信号输入引脚，从低电平强制变为高电平，以防多次中断，因此一般情况下，外部中断最好采用下

降沿触发。

中断服务函数的格式如下：

```
void int0（void）interrupt n using m
```

interrupt 后面的 n 是中断号，取值为 0~31，51 单片机一般为 0~4。中断入口地址为 8×n+3。

using 后面的 m 是指执行中断函数所要使用的工作寄存器组，取值为 0~3。8051 单片机内部有 4 个工作寄存器组，每个寄存器组中包含 8 个工作寄存器（R0~R7）。由于 C 语言会自动分配，所以可以省略。

提示：

（1）中断函数无返回值，无形参；

（2）在执行中断函数前，要对正常执行的现场进行保护，using 的作用就是用指定的工作寄存器组来保存现场正常执行的工作寄存器的数据，如果不用 using，现场工作寄存器的内容将会被保存到堆栈段，而保存堆栈段的过程会使 CPU 的运行时间增加，影响运行速度和效率。

2.4.3　中断应用编程

2.4.3.1　INT0 外部中断

INT0 外部中断的要求：使用外部中断 0，用按键 K1 做外部中断输入，按键中断一次，P10LED 灯闪 3 下。

硬件原理图如图 2-9 所示。

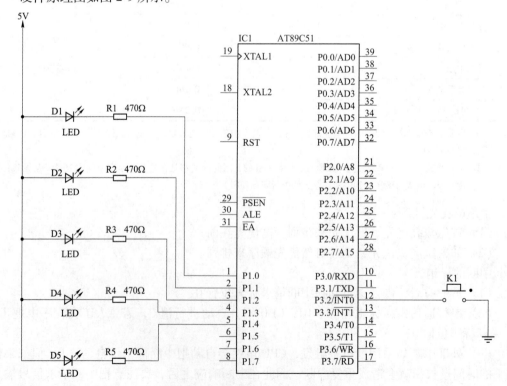

图 2-9　INT0 外部中断硬件原理图

源程序如下：

```c
#include<reg51.h>
#define uchar unsigned char
#define uint unsigned int
void delay1ms(int t);
sbit P10=P1^0;              //LED 灯
void delay1ms(uint t)       //毫秒级延时函数
{
uint i,j;
for(i=0;i<t;i++)
for(j=0;j<120;j++);
}
void int0 (void)interrupt 0  //EX0 中断函数
{
uchar i;
for(i=0;i<3;i++)            //循环 3 次
{  P10=0;
   delay1ms(500);
   P10=1;
   delay1ms(500);
}
}
main(  )
{ //P1=0xff;
   EA=1;                   //打开总中断
   EX0=1;                  //打开外部中断 0
   IT0=1;                  //1 为下降沿触发
   while(1);
}
```

分析说明：本例采用外部中断 0，当 K1 按下时，产生中断，外部中断 0 函数被执行，中断函数中的 for 循环 3 次，而使 P10 LED 灯闪烁 3 次。如果还要使外部中断 INT1 产生中断，只要在主程序中加入 "EX1 = 1; IT1 = 1;"，打开外部中断 1，并设置为下降沿触发，就可以使外部中断 0 和外部中断 1 都产生中断了。

2.4.3.2 定时器 T0 中断

定时器 T0 中断的要求：用定时计数器 0 产生中断，工作方式为 1，P10 口上的 LED 灯闪烁，120ms LED 灯闪烁 1 次。

硬件原理图如图 2-10 所示。

源程序如下：

```c
#include<reg51.h>
#define uchar unsigned char
#define uint unsigned int
```

```
sbit P10 = P1^0;
void timer0(   ) interrupt 1        //定时器 T0 中断函数
{
P10 = ! P10;                        //P20 取反,60ms 取反 1 次
TH0 = (65536-60000)/256;           //T0 的初值
TL0 = (65536-60000)%256;
}
void main(   )
{  TMOD = 0x01;                     //T0 工作方式为 1
   TH0 = (65536-60000)/256;        //T0 的初值,定时 60ms
   TL0 = (65536-60000)%256;
   EA = 1;                          //开总中断
   ET0 = 1;                         //开 T0 源中断
   TR0 = 1;                         //启动 T0
   while(1);                        //无限循环
}
```

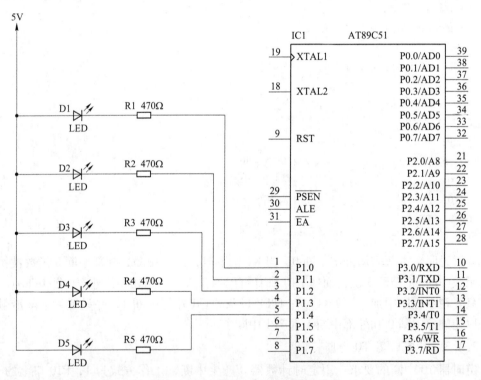

图 2-10　定时器 T0 中断硬件原理图

分析说明：本例的是用定时器 T0 中断，定时器计数到最大值时中断标志位变 1，程序跳转到中断函数执行。此例是用定时计数器 0，工作方式为 1，初值为 5536。每次产生中断，P10 取反 1 次，从新装初值，运行的结果是：P10 口上的 LED 灯闪烁，120ms LED 灯闪烁 1 次。

2.4.3.3 中断嵌套

中断嵌套（2 个外部中断）的要求：运用两个外部中断 INT0、INT1，K1 按下时，P20 灯闪 3 下，K2 按下时，P21 灯闪 3 下。外部中断 EX0 高优先。

硬件原理图如图 2-11 所示。

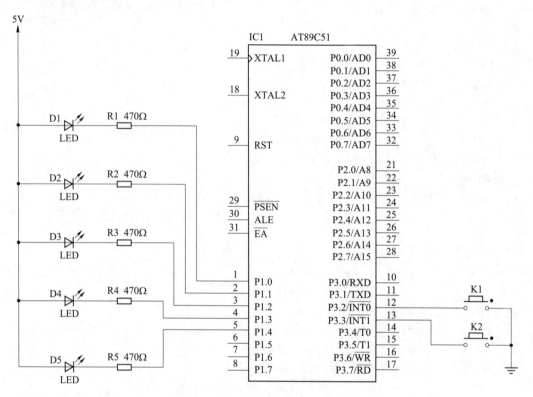

图 2-11　中断嵌套硬件原理图

源程序如下：

```
#include<reg51. h>
#define uchar unsigned    char
#define uint   unsigned    int
void delay1ms(int t);         //函数说明
sbit P20＝P2^0;               //LED 灯
sbit P21＝P2^1;               //LED 灯
void delay1ms(uint t)         //延时函数
{  uchar i,j;
    for(i＝0;i<t;i++)
    for(j＝0;j<120;j++);
}
void int0（void)interrupt 0    //EX0 中断函数
{  uchar i;
    for(i＝0;i<3;i++)          //循环 3 次
```

```
        {
        P20 = 0;                   //P20LED 灯亮
        delay1ms(500);
        P20 = 1;
        delay1ms(500);
        }
    }
    void int1 (void)interrupt 2     //EX1 中断函数
    { uchar i;
        for(i=0;i<3;i++)            //循环 3 次
        {
        P21 = 0;                   //P21LED 灯亮
        delay1ms(500);
        P21 = 1;
        delay1ms(500);
        }
    }
    main(   )
    { EA = 1;                       //打开总中断
        EX0 = 1;                    //打开外部中断 0
        EX1 = 1;                    //打开外部中断 1
        IT0 = 1;                    //EX0 为下降沿触发
        IT1 = 1;                    //EX1 为下降沿触发
        IP = 0x01;                  //EX0 高优先
        while(1);
    }
```

分析说明：本例运用两个外部中断 INT0、INT1，外部中断 EX0 高优先，K1 为外部中断 0 输入，K2 为外部中断 1 输入。当 K1 按下时，执行外部中断 0 函数，P20 上的灯闪 3 下。当 K2 按下时，执行外部中断 1 函数，P21 上的灯闪 3 下。如果两个开关都同时按下，则外部中断 0 函数优先执行。

提示：如需要多个中断源，可作如下设置：

```
#include<reg51. h>
#define uchar unsigned char
#define uint unsigned int
void int0 (void)interrupt 0          //EX0 中断函数
{
…
}
void int1 (void)interrupt 2          //EX1 中断函数
{
…
```

```
}
void time0 (void) interrupt 1          //T0 中断函数
{
TH0 = (65536-50000)/256;               //T0 的初值
TL0 = (65536-50000)%256;
…
}
main(   )
{
TMOD = 0x01;                           //定时计数器 T0 为定时器、工作方式 1
TH0 = (65536-50000)/256;               //T0 的初值
TL0 = (65536-50000)%256;
TR0 = 1;                               //启动 T0
EA = 1;                                //开总中断
EX0 = 1;                               //打开外部中断 0
EX1 = 1;                               //打开外部中断 1
ET0 = 1;                               //开 T0 源中断
IT0 = 1;                               //EX0 为下降沿触发
IT1 = 0;                               //EX1 为电平触发,低电平触发。
IP = 0x01;                             //EX0 高优先
while(1);
}
```

分析说明：上例有三个中断源，两个外部中断，一个定时计数器 0 中断。外部中断 0 为高优先级。

2.4.3.4 外部中断扩展应用

外部中断扩展应用（外部中断 1 扩展出 4 个外部中断）的要求：外部中断 INT1 扩展出 4 个外部中断，加上原来的外部中断 INT0，一共有 5 个外部中断。

硬件原理图如图 2-12 所示。

源程序如下：

```
#include<reg51.h>
#define uchar unsigned char
#define uint unsigned int
sbit P10 = P1^0;
sbit P11 = P1^1;
sbit P12 = P1^2;
sbit P13 = P1^3;
sbit P14 = P1^4;
void delay1ms(int t);
void delay1ms(uint t)                   //毫秒级延时函数
{
uint i,j;
```

```
for(i=0;i<t;i++)
for(j=0;j<120;j++);
}
void int0（void）interrupt 0                          //EX0 中断函数
{
P1=0xef;                                              //P1 口 5 个灯闪一下
delay1ms(1000;)
P1=0xff;
}
void int0（void）interrupt 2                          //EX1 中断函数
{
    If(P20==0)｛P1=0xfe;delay1ms(1000;)P1=0xff;｝     //D1 灯闪一下
else If(P21==0)｛P1=0xfd;delay1ms(1000;)P1=0xff;｝     //D2 灯闪一下
else If(P22==0)｛P1=0xfb;delay1ms(1000;)P1=0xff;｝     //PD3 灯闪一下
else If(P23==0)｛P1=0xe7;delay1ms(1000;)P1=0xff;｝     //D4 灯闪一下
}

main（  ）
{
P1=0xff;
P2=0xff;
EA=1;                                                 //打开总中断
EX0=1;                                                //打开外部中断 0
EX1=1;                                                //打开外部中断 1
IT0=0;                                                //EX0 为下降沿触发
IT1=0;                                                //EX1 为下降沿触发
IP=0x01;                                              //EX0 高优先
while(1);
}
```

分析说明：利用 1 个 4 或门电路，4 个外部中断开关连接到 4 或门的 4 个输入，或门的输出连接到单片机外部中断 1 的输入。4 个开关的输入同时分别连接到单片机的 P20、P21、P22、P23 四个端口，以便于单片机分辨判断出是 4 个开关的哪个开关动作。

当 4 个开关中的任意一个开关输入时，外部中断 1 都会产生中断，从而执行外部中断 1 的中断函数。而 4 个开关的区分判断则是利用中断函数中的 4 个 if（ ）判断来区分出来，从而执行 4 个不同的任务。

此例最终外部中断 INT1 扩展出 4 个外部中断，加上原来的外部中断 INT0，一共就有 5 个外部中断。如果外部中断还不够用，还可以对外部中断 0 和外部中断 1 进行再扩展。

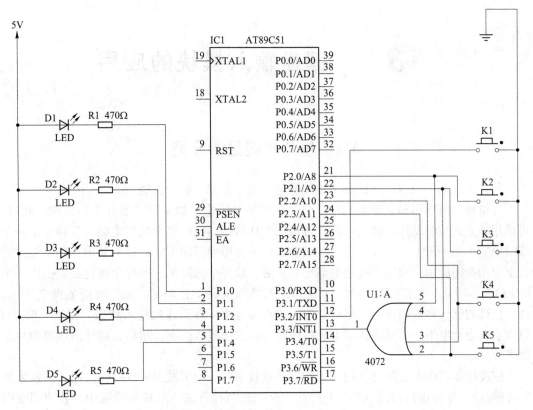

图 2-12　外部中断扩展应用硬件原理图

最终程序运行结果为：

K1 按下时：P1 口的 5 个灯闪一下

K2 按下时：D1 LED 灯闪一下

K3 按下时：D2 LED 灯闪一下

K4 按下时：D3 LED 灯闪一下

K5 按下时：D4 LED 灯闪一下

3 键盘输入模块的应用

3.1 单片机键盘的分类

单片机键盘可分为独立键盘、矩阵键盘、键盘长按、短按识别。

按键较少时应用独立键盘扫描。单片机控制系统中，如果只需要几个功能键，此时，可采用独立式按键结构。独立按键式直接用 I/O 口线构成的单个按键电路，其特点是每个按键单独占用一根 I/O 口线，每个按键的工作不会影响其他 I/O 口线的状态。独立按键的典型应用如图所示。独立式按键电路配置灵活，软件结构简单，但每个按键必须占用一个 I/O 口线，因此，在按键较多时，I/O 口线浪费较大，不宜采用。独立按键如图 2 所示。独立按键的软件常采用查询式结构。先逐位查询每根 I/O 口线的输入状态，如某一根 I/O 口线输入为低电平，则可确认该 I/O 口线所对应的按键已按下，然后，再转向该键的功能处理程序。

按键较多时应用矩阵键盘扫描（按键数量较多时，为了减少 I/O 口的占用，通常采用矩阵键盘）。矩阵键盘扫描有逐行扫描法、反线法两种方法。单片机系统中，若使用按键较多时如电子密码锁、电话机键盘等一般都至少有 12~16 个按键，通常采用矩阵键盘。矩阵键盘又称行列键盘，它是用四条 I/O 线作为行线，四条 I/O 线作为列线组成的键盘。在行线和列线的每个交叉点上设置一个按键。这样键盘上按键的个数就为 4×4 个。这种行列式键盘结构能有效地提高单片机系统中 I/O 口的利用率。

上述两种键盘扫描方式，无论是否按键，CPU 都要定时扫描键盘，而单片机应用系统工作时，并非经常需要键盘输入，因此，CPU 经常处于空扫描状态。为提高 CPU 工作效率，可采用中断扫描工作方式。其工作过程如下：当无按键按下时，CPU 处理自己的工作，当有按键按下时，产生中断请求，CPU 转去执行键盘扫描子程序，并识别键号。

3.2 独立按键的典型应用

3.2.1 独立按键 1

独立按键的特点是：简单判断、不带消抖。

例如：

```
void main(   )
{
while(1)
{  if(K1==0)                    //K1 是否按下
    {
```

```
    LED1 = ! LED1;              //LED1 灯闪
    delayms(200);
    }
    if(K2 = = 0)                //K2 是否按下
    {
    LED2 = ! LED2;             //LED2 灯闪
    delayms(200);
    }
    }
}
```

分析说明：本例用了两条语句 if(K1 = = 0)、if(K2 = = 0) 来判断两个按键是否按下，这是一个简单的独立按键输入判断，不带消抖，容易因按键抖动而产生多次输入，所以一般不用这种方法来判断按键。

3.2.2 独立按键 2

独立按键的特点是带程序消抖。

例 3-1　2 个独立按键判断。

```
void main (    )
{   while(1)
    {
    if(K1 = = 0)               //K1 是否按下
    {
    delay1ms(10);              //延时消抖
    if(K1 = = 0)               //K1 确实按下
    {
    LED1 = ! LED1;             //LED1 灯闪
    delayms(200);
    }
    }
    if(K2 = = 0)               //K2 是否按下
    {
    delay1ms(10);              //延时消抖
    if(K2 = = 0)               //K2 确实按下
    {
    LED2 = ! LED2;             //LED2 灯闪
    delayms(200);
    }
    }
    }
}
```

分析说明：本例比 3.2.1 节例子多增加了程序消抖功能，也就是多了一个延时，多了一个判断。首先判断按键是否按下，如果按下，则延时 10ms，再判断一次是否按下，如果第二次判断确实按下了，那么才确定这个按键是真的按下了，才执行 LED 灯闪亮。这样利用两次按键间隔 10ms 的时间，跳过按键产生的抖动。

    例 3-2   4 个独立按键判断。

```
void main(   )
{
while(1)
    if((P1&0xf0)! =0xf0)          //是否有键按下
        {
        delayms(10);              //延时20ms再判断
        if(K1 = =0)               //如果 K1 按下
            {
            LED1 =! LED1;         //LED1 灯闪
            delayms(200);
            }
        else if(K2 = =0)          //如果 K2 按下
            {
            LED2 =! LED2;         //LED2 灯闪
            delayms(200);
            }
        else if(K3 = =0)          //如果 K3 按下
            {
            LED3 =! LED3;         //LED3 灯闪
            delayms(200);
            }
        else   if(K4 = =0)        //如果 K4 按下
            {
            LED4 =! LED4;         //LED4 灯闪
            delayms(200);
            }
        }
    }
```

    分析说明： 本例跟例 3-1 一样，都是带消抖功能，只是第一个 if 判断，判断的是 4 个按键有没有哪个按键按下，如没有按键按下，则跳过。如有按键按下，再往下执行，用延时函数延时 10ms，然后用四个 if 判断，判断是哪个按键按下。哪个按键按下，则执行对应的 LED 灯闪亮。

    if((P1&0xf0)! =0xf0) 这条语句的意思是，P1 口平时都是高电平 11111111，与 0xf0 相遇后，仍然为 0xf0，那么条件就不成立，程序跳过下面的程序段。当有任何一个按键按下，P1 口的高四位就不为 1111，（P1&0xf0）就不等于 0xf0，if 判断条件就成立，程序就往下执行。

3.2.3 独立按键 3

独立按键的特点是：带消抖功能，有按键音，按键弹起判断。

例如：

```
void main (   )
{
while(1)
{
if(K1==0)                  //K1 是否按下
{
delayms(10);               //延时消抖
if(K1==0)                  //K1 确实按下
{
beep(   );                 //蜂鸣器响一声
LED1=0;                    //LED1 灯亮一下
delayms(200);
LED1=1;
while(! K1);               //等待按键弹起
}
}
if(K2==0)                  //K2 是否按下
{
delayms(10);               //延时消抖
if(K2==0)                  //K2 确实按下
{
beep(   );                 //提示音
LED2=0;                    //LED2 灯亮一下
delayms(200);
LED2=1;
while(! K2);               //等待按键弹起
}
}
}
}
```

分析说明：本例是 2 个按键的判断，具有消抖功能、有按键音、按键弹起判断。如：当 K1 按下时，延时 10ms，第二次判断 K1 是否按下，如果按下，则往下执行，调用 beep（ ）函数，蜂鸣器响一声提示音，然后执行 LED 灯闪亮一下。最后是执行 while（! K1）；语句，如果按键按下后还没放开，则在此循环等待，如果按键放开，则往下执行。

本例带按键消抖功能、具有按键提示音、按键弹起判断。功能齐全，程序运行效果很好，一般独立按键输入判断都用这种方法。

3.2.4　2个独立按键

2个独立按键，计数器完整程序运用的特点是：2个按键，加减计数，LED 数码管显示计数值。

要求：用 LED 数码管显示计数值，用 K1、K2 两个按键对计数值进行加、减。数值在 0~60。

硬件原理图如图 3-1 所示。

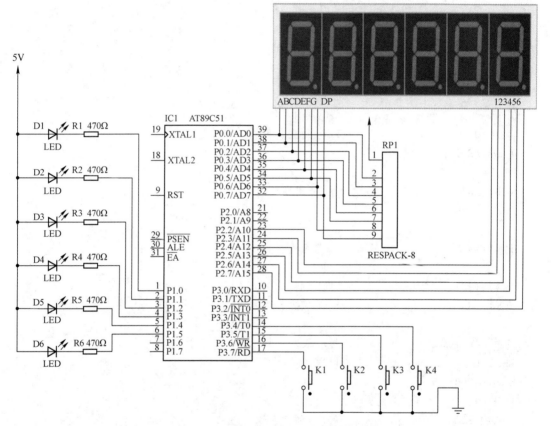

图 3-1　独立按键计数加减计数硬件原理图

源程序如下：

```
#include <reg52. h>
#define uchar unsigned char
#define uint unsigned int
sbit key1 = P3^7;
sbit key2 = P3^6;
unsigned char code tab[   ] = {0x28,0x7e,0xa2,0x62,0x74,0x61,0x21,0x7a,0x20,0x60};
                    //2000 型实验箱　共阳段码表
void delayms(uint);
uchar count;
```

```
void delay1ms( uint t)           //毫秒延时函数
{   uchar i,j;
    for( i=0;i<t;i++)
    for( j=0;j<120;j++)
}
void delay1( void)               //显示用延时函数 1
{   uchar i;
    for( i=0;i<100;i++);
}
void delay2( void)               //显示用延时函数 2
{   uint j;
    for( j=0;j<300;j++);
}
void display( uint k)            //2000 型实验箱  显示函数  入口值:k
{   P2 = 0xf7;                   //位码  万位  1111 0111
    P0 = tab[ k/10000];          //千位值
    delay2(   );                 //延时
    P0 = 0xf7;                   //段消隐
    delay1(   );
    P2 = 0xef;                   // 位码  千位  1110 1111
    P0 = tab[ k/1000];           //千位值
    delay2(   );                 //延时
    P0 = 0xff;                   //段消隐
    delay1(   );
    P2 = 0xdf;                   //位码  百位  1101 1111
    P0 = tab[ k%1000/100];       //百位值
    delay2(   );
    P0 = 0xff;                   //段消隐
    delay1(   );
    P2 = 0xbf;                   //位码  十位  1011 1111
    P0 = tab[ k%100/10];         //十位值
    delay2(   );
    P0 = 0xff;                   //段消隐
    delay1(   );
    P2 = 0x7f;                   //位码  个位  0111 1111
    P0 = tab[ k%10];             //个位值
    delay2(   );
    P0 = 0xff;                   //段消隐
    delay1(   );
}
void keyscan(   )
{   if( K1 = =0)
```

```
        delay1ms (10);
        if(K1==0)
        {  count++;
           if( count ==60)      //当到60时重新归0
           count =0;
           while(! K1);         //等待按键释放
        }
    }
    if( K2==0)
    {  delay1ms (10);
       if(K2==0)
       {
       if( count ==0)           //当到0时重新归60
       count =60;
       count --;
       while(! K2);             //等待按键释放
       }
    }
}
void main(   )
{  while(1)
   {  keyscan(   );
      display(count);
   }
}
```

分析说明：这是一个按键加减计数程序，主程序不断调用 keyscan（ ）按键扫描函数，按 K1，count 变量加 1，按 K2，count 变量减 1。用 LED 数码管显示 count 计数值，数值在 0~60。当加 1 到 60 时，count 回 0，当减 1 到 0 时，count 赋 60。count 的值适时在 LED 数码管上显示。此共阳段码表是 2000 型实验箱的，不是标准的段码表，实验时需改为与自己的硬件设计一致。三个延时函数，一个是键盘扫描用的，另两个 delay1（ ）、delay2（ ）是数码管显示函数用的。主函数通过 while（1）死循环不断调用键盘扫描函数和 LED 数码管显示函数。

最终程序运行的效果是：K1、K2 两个按键对变量 count 计数值进行加、减，LED 数码管不断显示变量 count 的计数值。

3.2.5　4 个独立按键 1

4 个独立按键，电子钟完整程序运用的特点是：显示时、分、秒的数字时钟，用定时器 0 产生秒。

要求：按键开关 K1 控制分钟加 1、K2 为分钟减 1、K3 为小时加 1、K4 为小时减 1。用定时器 T0 定时产生秒。LED 数码显示时、分、秒，4 个按键开关带消抖、按键音、按键弹起判断。

硬件原理图如图 3-2 所示。

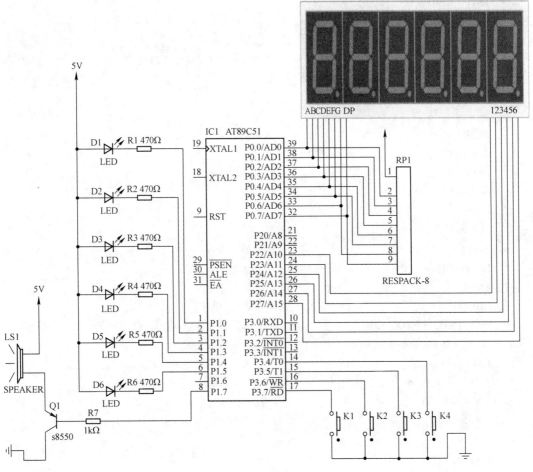

图 3-2 独立按键时钟硬件原理图

源程序如下：

```
#include <reg52. h>              //头文件
#define uchar unsigned char
#define uint unsigned int
sbit K1 = P3^7;                  //定义按键
sbit K2 = P3^6;
sbit K3 = P3^5;
sbit K4 = P3^4;
sbit BEEP = P1^7;
void delayms( uint t) ;
void beep(   ) ;
uchar count;                     //中断次数计数变量
uchar hour, minute, second;      //小时、分、秒数据类型
void delayms( uint t)            //毫秒延时函数
```

```
{   uchar i,j;
    for(i=0;i<t;i++)
    for(j=0;j<122;j++)
}
void beep(  )                          //以下是蜂鸣器响一声函数
{   uchar a;
    for(a=0;a<200;a++)
    {
    BEEP=0;                            //蜂鸣器响
    delayms(1);
    BEEP=1;                            //关闭蜂鸣器
    delayms(1);
    }
}
void init(  )                          //初始化设置
{   TMOD=0x01;                         //使用定时器 T0
    EA=1;                              //开中断总允许
    ET0=1;                             //允许 T0 中断
    TH0=(65536-50000)/256;             //定时器高八位赋初值
    TL0=(65536-50000)%256;             //定时器低八位赋初值
    TR0=1;
}
void   keyscan(  )                     //按键扫描
{   if(K1==0)                          //K1 按下
    {
    delayms(10);
    if(K1==0)                          //K1 确实按下
    {  beep(  );                       //按键提示音
       minute ++;                      //分钟加 1
       while(! K1);                    //等待按键释放
    }
    }
if(K2==0)                              //K2 按下
{   delayms(10);
    if(K2==0)
    {  beep(  );                       //按键提示音
       minute--;                       //分钟减 1
       while(! K2);                    //等待按键释放
    }
}
if(K3==0)                              //K3 按下
{   delayms(10);
```

```
    if( K3 = = 0)
    {   beep( );
        hour++;                          //小时加 1
        while(! K3);                     //等待按键释放
    }
}
if( K4 = = 0)                            //K4 按下
{   delayms( 10);
    if( K4 = = 0)
    {   beep( );
        hour--;                          //小时减 1
        while(! K4);                     //等待按键释放
    }
}
}
void delay1( void)                       //显示用延时函数 1
{   uchar i;
    for( i = 0;i<100;i++);
}
void delay2( void)                       //显示用延时函数 2
{
uint j;
for( j = 0;j<300;j++);
}
void display( void)                      //显示函数
{   P2 = 0xfe;                           //位码   千万位   1011 1111
    P0 = tab[ hour/10];                  //小时十位
    delay2( );                           //延时
    P0 = 0xff;                           //段消隐
    delay1( );
    P2 = 0xfd;                           //位码   百万位   1011 1111
    P0 = tab[ hour%10];                  //小时个位
    delay2( );                           //延时
    P0 = 0xff;                           //段消隐
    delay1( );
    P2 = 0xf7;                           //位码   万位   1110 1111
    P0 = tab[ minute/10];                //分钟十位
    delay2( );                           //延时
    P0 = 0xff;
    delay1( );
    P2 = 0xef;                           //位码   千位
    P0 = tab[ minute%10];                //分钟个位
    delay2( );                           //延时
```

```
    P0 = 0xff;                          //段消隐
    delay1(  );
    P2 = 0xbf;                          //位码　十位
    P0 = tab[secon/10];                 //秒十位
    delay2(  );
    P0 = 0xff;                          //段消隐
    delay1(  );
    P2 = 0x7f;                          //位码　个位
    P0 = tab[second%10];                //秒个位
    delay2(  );
    P0 = 0xff;                          //段消隐
    delay1(  );
}
    //定时器 T0 的中断服务子程序
void interserve(void)interrupt 1 using 1    //using Time0
{   count++;                            //中断计数自动加 1
      if( count = = 20)
      {  count = 0;                     //中断计数变量回 0
         second++;                      //秒加 1
      }
      if( second = = 60)
      {  second = 0;                    //如果秒到 60,将秒回 0
         minute++;                      //分钟加 1
      }
      if( minute = = 60)
      {  minute = 0;                    //如果分钟到 60,将分钟回 0
         hour++;                        //小时加 1
      }
if( hour = = 24)
{
hour = 0;                               //如果小时到 24,将小时回 0
}
TH0 = (65536−50000)/256;                //定时器重新赋初值
TL0 = (65536−50000)%256;
}
void main(  )
{   init(  );                           //初始化函数
    while(1)
    {  keyscan(  );                     //按键扫描
       display(  );                     //时钟显示
    }
}
```

分析说明：本例是一个 LED 数码管显示时、分、秒的数字时钟，4 个独立按键开关
K1 为分钟加 1、K2 为分钟减 1、K3 为小时加 1、K4 为小时减 1。秒发生由定时器 T0 的中
断函数产生，定时时间为 50ms，20 次中断等于 1s。定义了 3 个全局变量 hour（时）、
minute（分）、second（秒）。显示函数不断显示这 3 个变量。键盘扫描函数 keyscan( ) 不
断对 4 个按键进行扫描判断，当某个按键按下时，对相应的小时、分钟变量进行加减，起
到设置小时、分钟的作用。初始化函数把定时器 T0 设置为定时器，工作方式为 1，初值为
15536，定时时间为 50ms，并打开总中断和定时器 0 源中断，启动定时器 T0。主函数不断
循环调用按键扫描函数和时钟显示函数，使按键和时钟显示得到实时处理。

3.2.6　3 个独立按键

以带设置按键（带功能选择键）的电子时钟程序为例（设置、+、- 三个按键），仅
列举键盘扫描程序部分。

要求：用三个独立按键处理年、月、日、星期、时、分、秒七个数，K1 键是选择键，
K2 键和 K3 键是 +、-键，用 switch 开关语句区分开年月日星期时分秒七个数，然后进行
加减。

源程序如下：

```
#include<reg51.h>
#define uint unsigned int
#define uchar unsigned char
uchar key1data,shi,fen,miao,yue,nian,ri,week;    //8 个变量
sbit K1＝P1^5;                                     //K1 设置键
sbit K2＝P1^6;                                     //K2 加键
sbit K3＝P1^7;                                     //K3 减键
void  kscan( )                                     //键盘扫描函数
{  if(K1＝＝0)                                      //K1 是否按下
  {  delay(10);                                    //延时,用于消抖动
     if(K1＝＝0)                                    //延时后再次确认按键按下
     {
     while(！K1);
     K1data++;                                     //K1 键的标志值自动加 1
     if(K1data＝＝8)                                //K1data 代表七个值:秒、分、时、日、星期、月、年,
                                                   到第 8 个回 1
     K1data＝1;
     }
  }
/＊＊＊＊ K2 键按下,处理所有变量的加＊＊＊＊/
   if(K1data！＝0)                                  //当 K1data 按键次数不等于零,说明 K1 键按下过
   {  if(K2＝＝0)                                    //K2 键按下
     {
     delay(10);
     if(K2＝＝0)
```

```
        while( ! K2);                          //K2 键是否弹起
        switch( K1data)                        //根据 K1 键按下的次数,对应某个变量进行加 1
        {
        case 1:miao++;                         //K1 键按过 1 次,秒加 1
            if( miao = = 60)
            miao = 0;                          //秒超过 59,就回零
            break;
        case 2:fen++;
            if( fen = = 60)
            fen = 0;
            break;
        case 3:shi++;
            if( shi = = 24)
            shi = 0;
            break;
        case 4:week++;
            if( week = = 8)
            week = 1;
            break;
        case 5:ri++;
            if( ri = = 32)
            ri = 1;
            break;
        case 6:yue++;
            if( yue = = 13)
            yue = 1;
            break;
        case 7:nian++;
            if( nian = = 100)
            nian = 0;
            break;
        }
    }
}
/ * * * * K3 键按下,处理所有变量的减 * * * * /
    if( K3 = = 0)                              //K3 键按下
    {  delay( 10);
    if( K3 = = 0)
    {
    while( ! K3);
    switch( K1data)                            //根据 K1 键按下的次数,对应某个变量进行减 1
        {
```

```
                case 1:miao--;
                      if(miao==-1)
                      break;
                case 2:fen--;
                      if(fen==-1)
                      fen=59;
                      break;
                case 3:shi--;
                      if(shi==-1)
                      shi=23;
                      break;
                case 4:week--;
                      if(week==0)
                      week=7;
                      break;
                case 5:ri--;
                      if(ri==0)
                      ri=31;
                      break;
                case 6:yue--;
                      if(yue==0)
                      break;
                case 7:nian--;
                      if(nian==-1)
                      nian=99;
                      break;
                }
            }
        }
    }
}
void main(   )
{   while(1)                              //无限循环下面的语句
    {
    kscan(   );                           //调用键盘扫描子函数
    }
}
```

分析说明：本程序采用3个独立按键（选择、+、-），按 K1 "选择"键对 K1data 变量进行标志选择，key1data 代表 K1 键按下的次数，本例 key1data 的取值在 1~7，分别对应年月日星期时分秒七个变量。K2 键为"+按键"、K3 键为"-按键"，对选择的相应变量进行加 1 或减 1。

3.2.7　4 个独立按键 2

4 个独立按键（带功能选择键）包括 K1（选择）、K2（+）、K3（-）、K4（确认），仅列举键盘扫描程序部分。

要求：4 个独立按键（选择、+、-、确认），按 K1 选择键对 data1、data2、data3 变量进行选择作标志，按"+""-"键对选择的变量进行加 1 或减 1。data1 取值在 0~10，data2 取值在 0~20，data3 取值在 0~30。

源程序如下：

```c
sbit K1 = P3^4;                              //K1 键
sbit K2 = P3^5;                              //K2 键
sbit K3 = P3^6;                              //K3 键
sbit K4 = P3^7;                              //K4 键
unsigned char mode;                          //工作模式,在主函数中判断
unsigned char mode,K1data,data1,data2,data3;
void delayms(unsigned int x);
void keyscan( )                              //按键扫描函数
{   if(K1 = =0)                              //K1 键按下
    {   delayms(10);
        if(K1 = =0)                          //K1 确实按下
        {
        beep( );                             //响一声
        mode = 0;                            //目的是标志两种工作状态,0 为按键设置,1 为主程序正常
                                             //  运行
        K1data++;                            //K1data 代表 K1 键按下的次数,选择对应 3 个需改变的
                                             //  变量
        if(K1data >3)                        //K1data 的值在 1~3
        K1data = 1;
        while(! K1);                         //等待按键弹起
        }
    }
    if(K1data = =1)                          //设置按键值为 1 ,对 data1 变量进行处理
    {   if(K2 = =0)                          //K2 键
        {   delayms(10);
            if(K2 = =0)
            {
            beep( );
            data1++;                         //data1 加 1
            if(data1>10)                     //data1 大于 10 就回 0
            {
            data1 = 0;
            }
            LED1 = 0;                        //灯闪一下
```

```
            delayms(100);
              LED1=1;
              while(! K2);
              mode=1;                    //工作状态为1,正常显示
            }
        }
    if(K3==0)                            //K3 键
    { delayms(10);
        if(K3==0)
        { beep( );
            data1--;                     //data1 减 1
            if(data1<0)                  //data1 小于 0,重新赋值 10
            {
            data1=10;
            }
            LED1=0;                      //灯闪一下
            delayms(100);
              LED1=1;
              while(! K3);
              mode=1;                    //工作状态为1,正常显示
        }
      }
    }
if(K1data==2)                            //设置按键值为 2 ,对 data2 变量进行处理
{ if(K2==0)
    { delayms(10);
        if(K2==0)
        {
        beep( );
        data2++;                         //data2 加 1
        if(data2>20)                     //data2 大于 20 就回 0
        {
        data2=0;
        }
        LED1=0;                          //灯闪一下
        delayms(100);
          LED1=1;
          while(! K2);
          mode=1;                        //工作状态为1
        }
      }
    if(K3==0)
```

```
        {
        delayms(10);
        if(K3==0)
        {   beep();
            data2--;                        //data2 减 1
            if(data2<0)                     //data2 小于 0,重新赋值 20
            {
            data2=20;
            }
            LED1=0;                         //灯闪一下
            delayms(100);
              LED1=1;
              while(!K3);
              mode=1;                       //工作状态为 1
        }
        }
    }
    if(k1data==3)                           //设置按键值为 3 ,对 data3 变量进行处理
    {
    if(K2==0)
    {
    delayms(10);
    if(K2==0)
    {   beep();
        data3++;                            //data3 加 1
        if(data3>30)                        //data3 大于 30 就回 0
        {
        data3=0;
        }
        LED1=0;                             //灯闪一下
        delayms(100);
          LED1=1;
          while(!K2);
          mode=1;                           //工作状态为 1
    }
    }
    if(K3==0)
    {
    delayms(10);
    if(K3==0)
    {   beep();
        data3--;                            //data3 减 1
        if(data3<0)                         //data3 小于 0,重新赋值 30
        {
```

```
                    data3 = 30;
               }
        LED1 = 0;                        //灯闪一下
        delayms(100);
          LED1 = 1;
          while(! K3);
          mode = 1;                      //工作状态为1
     }
     }
     }

        if(K4 == 0)                      //K4 键 确认键
        {  delayms(10);
           if(K4 == 0)
           {
           beep( );
           mode = 1;                     //工作模式状态为1
           K1data == 0;                  //K1 选择标志回零
           while(! K2);
           }
        }
}
void main( )
{  while(1)
   {  Kscan( );                          //键盘扫描
      if(mode == 1)                      //mode 标志两种工作状态:0 为按键设置,1 为主程序正常
                                         运行

      {
      display(K);                        //显示函数
      }
   }
}
```

分析说明：本程序采用 4 个独立按键（选择、+、−、确认），按 K1 选择键对 K1data 变量进行标志选择，K1data 代表 K1 键按下的次数，本例 K1data 的取值在 1~3，分别对应 data1、data2、data3 三个变量。K2 键为"+按键"、K3 键为"−按键"，对选择的变量进行加 1 或减 1。data1 取值在 0~10、data2 取值在 0~20、data3 取值在 0~30。mode 目的是标志两种工作状态，0 为按键设置，1 为主程序正常运行。K4 键为"确认按键"，按 K4 后 mode = 1；工作状态为 1，K1data == 0；程序回到正常主程序运行。

4 个按键都带消抖、按键音、按键弹起判断，K2、K3 键每按下一次，LED1 灯还会闪一下。

3.3 矩阵按键的典型应用

3.3.1 逐行扫描法

3.3.1.1 4×4 矩阵键盘按键识别，有消抖，有按键音
要求：用 16 个按键矩阵键盘，用逐行扫描法，按键值在 LED 数码管上显示出来。

硬件原理图如图 3-3 和图 3-4 所示。

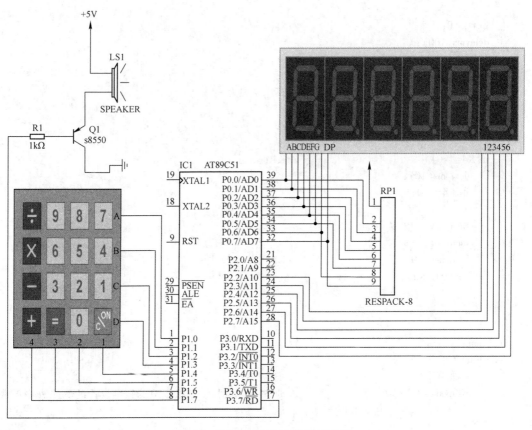

图 3-3   矩阵键盘 LED 数码管显示

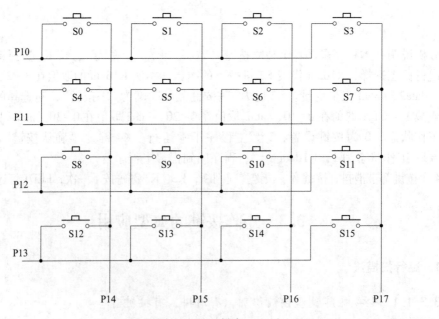

图 3-4   4×4 键盘

源程序如下：

```
#include <reg51.h>
#define uchar unsigned char
#define uint   unsigned int
uchar code tab[ ] = {0x28,0x7e,0xa2,0x62,0x74,0x61,0x21,0x7a,0x20,0x60};
                                    //0~9 段码  2000 型实验箱  共阳段码表
void key( );                        //键盘扫描函数说明
void display(K);                    //显示函数说明
sbit BEEP = P3^7;                   //蜂鸣器
uchar temp,key;
void Delay_ms (uint t)              //毫秒延时函数
{  uchar i,j;
   for(i=0;i<t;i++)
   for(j=0;j<122;j++);
}

void  beep( )                       //蜂鸣器函数
{  uchar a;
   for(a=0;a<200;a++)               //循环 200 次,产生 200 个脉冲
   {  BEEP=0;                       //开蜂鸣器
      Delay_ms(1);
      BEEP=1;                       //关蜂鸣器
      Delay_ms(1);
   }
}

void   Key( )                       //矩阵按键扫描函数
{  P1=0xff;
   P1=0xfe;                         //使 P1.0 口第 1 行为低电平,扫描第 1 行
   temp=P1;                         //读取 P1 端口的值
   temp=temp & 0xf0;                //取出高四位的值
   if (temp!=0xf0)                  //if 判断 temp 不等于 0xf0,说明有按键按下
   { Delay_ms(10);                  //延时 10ms,跳过抖动阶段
     temp=P1;                       //重新读取 P1 口的值
     temp=temp & 0xf0;              //再次取出高四位的值
     if (temp!=0xf0)                // if 判断 temp 不等于 0xf0,说明确实有按键下
   { temp=P1;                       //读 P1 口值,赋给 temp
     switch(temp)                   //开关语句判断,确定 temp 键值
     {  case 0xee:key=0;break;      //11101110
        case 0xde:key=1;break;      //11011110
        case 0xbe:key=2;break;      //10111110
        case 0x7e:key=3;break;      //01111110
     }
     temp=P1;                       //将读取的键值送 temp
```

```
    beep( );                          //蜂鸣器响一声
    temp=temp & 0xf0;                 //取出高四位的值
    while(temp! =0xf0)                //while 判断 temp 不等于 0xf0,说明按键还没有释
                                        放,继续在这里循环

      {
    temp=P1;                          //再读取 P1 口
    temp=temp & 0xf0;                 //再取高四位的值
      }
    }
  }
P1=0xff;
P1=0xfd;                              //使 P1.1 口第 2 行为低电平,扫描第 2 行
temp=P1;
temp=temp & 0xf0;
if (temp! =0xf0)
{ Delay_ms(10);
  temp=P1;
  temp=temp & 0xf0;
  if (temp! =0xf0)
  { temp=P1;
    switch(temp)
    { case 0xed:key=4;break;
      case 0xdd:key=5;break;
      case 0xbd:key=6;break;
      case 0x7d:key=7;break;
    }
    temp=P1;
    beep( );
    //disp_buf =table[key];
    temp=temp & 0xf0;
    while(temp! =0xf0)
    { temp=P1;
      temp=temp & 0xf0;
    }
  }
}
P1=0xff;
P1=0xfb;                              //使 P1.2 口第 3 行为低电平,扫描第 3 行
temp=P1;
temp=temp & 0xf0;
if (temp! =0xf0)
{ Delay_ms(10);
  temp=P1;
```

```
        temp=temp & 0xf0;
    if(temp！=0xf0)
    |   temp=P1;
        switch(temp)
        |   case 0xeb:key=8;break;
            case 0xdb:key=9;break;
            case 0xbb:key=10;break;
            case 0x7b:key=11;break;
        |
        temp=P1;
        beep( );
        //disp_buf=table[key];
        temp=temp & 0xf0;
        while(temp！=0xf0)
        |   temp=P1;
            temp=temp & 0xf0;
        |
    |
|
P1=0xff;
P1=0xf7;                                    //使P1.3口第4行为低电平,扫描第4行
temp=P1;
temp=temp & 0xf0;
if(temp！=0xf0)
|   Delay_ms(10);
    temp=P1;
    temp=temp & 0xf0;
    if(temp！=0xf0)
    |   temp=P1;
        switch(temp)
        |   case 0xe7:key=12;break;
            case 0xd7:key=13;break;
            case 0xb7:key=14;break;
            case 0x77:key=15;break;
        |
        temp=P1;
        beep( );
        //disp_buf =table[key];
        temp=temp & 0xf0;
        while(temp！=0xf0)
        |   temp=P1;
            temp=temp & 0xf0;
        |
```

```
        }
    }
}
void delay1(void)
{   uint n;
    for(n=0;n<100;n++);
}
void delay2(void)
{   uint j;
    for(j=0;j<300;j++);
}
void display(k)                       //显示函数
{   P2=0xef;                          // 位码 1110 1111
    P0=tab[k/1000];                   //千位值
    delay2( );
    P0=0xff;
    delay1( );
    P2=0xdf;                          //位码 1101 1111
    P0=tab[k%1000/100];               //百位值
    delay2( );
    P0=0xff;
    delay1( );
    P2=0xbf;                          //位码 1011 1111
    P0=tab[k%100/10];                 //十位值
    delay2( );
    P0=0xff;
    delay1( );
    P2=0x7f;                          //位码 0111 1111
    P0=tab[k%10];                     //个位值
    delay2( );
    P0=0xff;
    delay1( );
}
main( )
{   P0=0xff;                          //段码初始化全为1,不显示
    P2=0xff;                          //P2 口位码初始化
    key=0x00;                         //开机显示 0
    while(1)
    {   Key( );                       //键盘扫描函数
        display(key);                 //LED 数码显示函数
    }
}
```

分析说明：本例是 4×4 矩阵键盘，逐行扫描法的实际应用，有按键识别、消抖和按键音，用 16 个按键矩阵键盘，按键值会在 LED 数码管上显示出来。程序的执行过程是：主函数不断循环执行键盘扫描函数和 LED 数码管显示函数。当有按键按下时，键盘扫描函数就会判断到按键，对全局变量 key 赋对应的按键值，key 的值又会以实参的形式传递给 LED 数码管显示函数，LED 数码管就实时显示出 key 的按键值。

逐行扫描法的原理是：先使一行为低电平，然后判断 4 条列线是否有低电平，如有，则说明有按键按下，则执行 temp＝P1，读取 P1 口的值赋给 temp，temp 再与对应的按键值作比较判断，程序中用 switch（temp）开关语句作比较判断，判断到对应的按键时，最后把这个按键的代表值（0~15）赋给 key 全局变量，key 的按键值就代表了 16 个按键中的某一个。

3.3.1.2 无按键音，按键值在 LED 数码管上显示出来

要求：16 个按键矩阵键盘，用逐行扫描法，按键值在 LED 数码管上显示出来。

硬件原理图如图 3-3 和图 3-4 所示。

源程序如下：

```
#include <reg51. h>                         //头文件
#define uchar unsigned char                 //宏定义
#define uint unsigned int
uchar code tab[ ]={0x28,0x7e,0xa2,0x62,0x74,0x61,0x21,0x7a,0x20,0x60};
                                            //0~9 段码  2000 型实验箱  共阳段码表
void key(  );                               //键盘扫描函数说明
void display(k);                            //显示函数说明
uchar k;
// sbit BEEP=P3^7;                          //蜂鸣器
void delayms (uint t)                       //毫秒延时函数
{  uchar i,j;
   for(i=0;i<t;i++)
   for(j=0;j<122;j++);
}
void  key (void)                            //键盘扫描函数
{  uchar  ho,li;                            //定义行,列变量
   P1=0xf0;                                 //低 4 位接行,高 4 位接列,取高 4 位
   if((P1&0xf0)! =0xf0)                     //若 P1 高 4 位不全为 1,有键按下则往下执行
   {  delayms (10);                         //延时一下
      if((P1&0xf0)! =0xf0)                  //再次判断高 4 位仍然不全为 1,有键按下则往下执行
      {  ho =0xfe;                          //设置一个扫描值 1111 1110,最低位为 0
         while((ho & 0x10)! =0)             //不到最后一行循环  0x10=00010000
         {  P1= ho;                         //将扫描码赋给 P1,开始扫描第 1 行
            if((P1&0xf0)! =0xf0)            //如这一行的高 4 位不全为 1,说明这一行有键按下,则
                                               取行列值
```

```
                {
                    ho = ho &0x0f;              //取行值,本行扫描行的行值
                    li = P1&0xf0;               //取列值
                    switch ( ho + li )          //用 swith 语句来判断这个行列值是哪一个按键,从而找
                                                //  到是哪个按键按下,并赋 K 值
                    {    case 0xee : k = 0; break;    //按键 0 按下,键盘接口 P1 的值(行列值)为 0xee
                         case 0xde : k = 1; break;
                         case 0xbe : k = 2; break;
                         case 0x7e : k = 3; break;
                         case 0xed : k = 4; break;
                         case 0xdd : k = 5; break;
                         case 0xbd : k = 6; break;
                         case 0x7d : k = 7; break;
                         case 0xeb : k = 8; break;
                         case 0xdb : k = 9; break;
                         case 0xbb : k = 10; break;
                         case 0x7b : k = 11; break;
                         case 0xe7 : k = 12; break;
                         case 0xd7 : k = 13; break;
                         case 0xb7 : k = 14; break;
                         case 0x77 : k = 15; break;
                    }
                }
                else
                    ho = ( ho <<1) | 0x01;      //如果此行无键按下,行扫描值左移一位,扫描下一行
            }
        }
    }
}
void delay1 ( void )                            //延时 1 函数
{   uint n;
    for( n = 0; n<100; n++ );
}
void delay2 ( void )                            //延时 2 函数
{   uint j;
    for( j = 0; j<300; j++ );
}
void display( k )                               //显示函数
{   P2 = 0xef;                                  // 位码   千位   1110 1111
    P0 = tab[ k/1000 ];                         //千位值
    delay2(   );                                //延时
    P0 = 0xff;                                  //段消隐
```

```
        delay1(   );
        P2 = 0xdf;                          //位码   百位   1101 1111
        P0 = tab[k%1000/100];              //百位值
        delay2(   );
        P0 = 0xff;
        delay1(   );
        P2 = 0xbf;                          //位码   十位   1011 1111
        P0 = tab[k%100/10];               //十位值
        delay2(   );
        P0 = 0xff;                          //段消隐
        delay1(   );
        P2 = 0x7f;                          //位码   个位   0111 1111
        P0 = tab[k%10];                   //个位值
        delay2(   );
        P0 = 0xff;
        delay1(   );
}
void main (void)
{    while(1)                              //不断地执行键盘扫描函数、显示函数
     {
        key(   );                          // 键盘扫描函数
        display(k);                        //显示函数
     }
}
```

分析说明：本例与 3.3.1.1 节例子一样，都是逐行扫描法，只是程序的写法不一样，此例无按键音。按键值会在 LED 数码管上显示出来。当有按键按下时，键盘扫描函数就会判断到按键，对全局变量 k 赋对应的按键值，k 的值又会以实参的形式传递给 LED 数码管显示函数，LED 数码管就实时显示出 k 的按键值。

本例逐行扫描的原理是：如图 3-5 所示，先使一行为低电平，然后判断 4 条列线是否

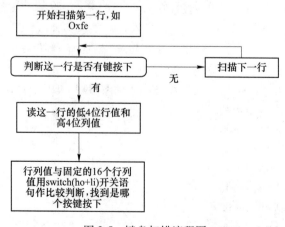

图 3-5　键盘扫描流程图

有低电平,如这一行的高 4 位不全为 1,则说明这一行有按键按下,则取出这一行的行值、列值。然后 switch（ho + li）开关语句作比较判断,（ho + li）是行值加列值,然后又用这个行列值跟下面的 16 个按键的行列值作比较判断,判断到对应的按键值时,再把这个按键的代表值（0～15）赋给 k 全局变量。

　　注意:扫描行值是逐行给定的,列值是读取的。当扫描到某行有键按下时,该行值就确定了,再读出列值,行列值就得到了。

3.3.2　反线法

　　源程序如下:

```
#include" reg52. h"
#define uchar unsigned char
#define uint unsigned int
void delayms ( uint t)          //毫秒延时函数
{ uchar i,j;
   for(i=0;i<t;i++)
   for(j=0;j<122;j++);
}
void   key( void)               //键盘扫描
{ uchar ho,li,hl;               //定义行列 2 个变量
   P1 = 0xf0;                   //低 4 位置 0
   if( P1&0xf0! = 0xf0)         //判断高 4 位是否为 0xf0,如否,高 4 位有低电平,说明有按键下
   { delayms (10);             //延时 10ms
       if((P1&0xf0)! = 0xf0)    //再次判断高 4 位是否为 0xf0,确认否,确实有键按下,往下执行
       {
       P1 = 0xf0;               //先置低 4 位(行)为 0
       li = P1&0xf0;            //读列值
       delayms (10);           //延时
       P1 = 0x0f;               //再置高 4 位(列)为 0
       ho = P1&0x0f;            //读行值
       hl = ho + li;
       switch (hl)              //用 swith 语句来判断这个行列值是哪一个按键,从而找到是哪
                                //  个按键按下,并赋 k 值
       { case 0xee:k = 0; break;   //按键 0 按下,键盘接口 P1 的值(行列值)为 0xee
         case 0xde:k = 1; break;
         case 0xbe:k = 2; break;
         case 0x7e:k = 3; break;
         case 0xed:k = 4; break;
         case 0xdd:k = 5; break;
         case 0xbd:k = 6; break;
         case 0x7d:k = 7; break;
```

```
            case 0xeb:k=8; break;
            case 0xdb:k=9; break;
            case 0xbb:k=10; break;
            case 0x7b:k=11; break;
            case 0xe7:k=12; break;
            case 0xd7:k=13; break;
            case 0xb7:k=14; break;
            case 0x77:k=15; break;
        }
        }
    }
}
void main (void)
{   while(1)                    //不断地执行键盘扫描函数、显示函数
    {   key(    );              // 键盘扫描函数
        display(k);            //显示函数
    }
}
```

分析说明：本例仍然是接在 P1 口的 4×4 矩阵键盘，16 个按键，16 个矩阵按键的识别是采用反线法，其流程图如图 3-6 所示。

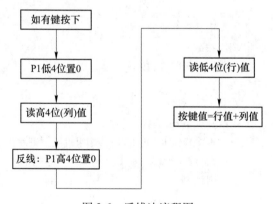

图 3-6　反线法流程图

反线法的原理如下。

（1）先判断是否有按键按下，置低 4 位 4 行为低电平，然后看高 4 位 4 条列线是否有低电平，如这一行的高 4 位不全为 1，则说明这一行有按键按下。

（2）如有按键按下，则执行下步。

（3）先置低 4 位（行）为 0，P1 = 0xf0，然后读取列值 li = P1&0xf0。

（4）再置高 4 位（列）为 0，P1 = 0x0f，然后读取行值 ho = P1&0x0f。

（5）最后把行值和列值相加，hl = ho + li，得到 hl 按键值。

程序的执行过程是：使一行为低电平，然后判断 4 条列线是否有低电平，如这一行的高 4 位不全为 1，则说明这一行有按键按下，则取出这一行的行值、列值；然后 switch（ho + li）

开关语句作比较判断，（ho + li）是行值加列值，之后又用这个行列值跟下面的 16 个按键的行列值作比较判断，判断到对应的按键值时，再把这个按键的代表值（0 ~ 15）赋给 k 全局变量。

3.4　键盘长按、短按识别的典型应用

用 K1、K2 两个按键对变量 data1 进行加、减，按键可区分出长按、短按效果，要求按键每短按一次对变量加 1 或减 1，长按对变量进行快速、连续的加或减。

源程序如下：

```
#include<reg51.h>
#define uchar unsigned char
#define uint unsigned int
sbit K1 = P3^6;              //定义 P36 为 K1 开关
sbit K2 = P3^7;              //定义 P37 为 K2 开关
void delayms(uint t)         //毫秒延时函数
{  uchar i,j;
   for(i=0;i<t;i++)
   for(j=0;j<122;j++);
}
void key(void)
{  uint data1=0,keytime;     //定义 2 个变量
/* * * * * * * * 以下是处理 K1 按键 * * * * /
    if(K1==0)                //如果 K1 按键按下
    {

    delayms(10);             //延时 10ms 去抖
    if(K1==0)                //再次确认 K1 是否按下,如果没按下则跳出
    {  while(!K1)            //如果 K1 键还在按下,keytime++就不断加 1,如果不到 200 次就放开,
                             //  则跳出
    {
    keytime ++;              //按键时间计数自动加 1
    delayms(10);             //等 10ms
    if(keytime == 200)       //如果按键按下达到 2s,即时间计数到 200 次,约 2s(10ms×200 =
                             //  2000ms = 2s)
    {
    keytime = 0;             //按键时间计数回 0
    while(!K1)
    {
    if(data1<99)             //如果变量 data1 小于 99
    data1++;                 //变量 data1 自动加 1
    delayms(100);            //延时 100ms,此延时时间决定了按键长按快速加 1 的速度
```

```
        }
      }
    }
    keytime = 0;                    //如果按键按下不到 2s(按键短按),按键时间计数 keytime 回 0
    if( data1<99)                   //如果变量 data1 小于 99
    data1++;                        //变量 data1 加 1
    }
  }
/* * * * * * * * *以下是处理 K2 按键 * * * */
if( K2 = = 0)                       //如果 K2 按键按下
{ delayms (10);
  if( K2 = = 0)                     //再次确认 K2 按下
  while( ! K2)                      //如果 K2 键还在按下,keytime++就不断加 1,如果不到 200 次就放开,
  {                                   则跳出

  keytime ++;
  delayms (10);
  if( keytime = = 200)             //按键时间计数到 200 次,约 2s(10ms×200=2000ms=2s)
  {
  keytime = 0;
  while( ! K2)
  {
  if( data1>0)                     //如果 data1 大于 0
  data1--;                         //变量 data1 自动减 1
  delayms (100);                   //此延时时间决定了按键长按快速减 1 的速度
  }
  }
  }
  keytime = 0;                     //如果按键按下不到 2s(按键短按),按键时间计数 keytime 回 0
  if( data1>0)                     //如果变量 data1 大于 0
  data1--;                         //变量 data1 减 1
  }
  }
}
}
void main( void)
{ P3 = 0xff;                        //P3 按键输入端口置高电平
  while( 1)
{
key(   );                           //调用键盘扫描函数
}
}
}
```

分析说明：本例是键盘长按、短按识别的应用，按键可区分出长按、短按，用 K1 对变量 data1 进行加、用 K2 对变量 data1 进行减，按键每短按一次（不超过 2s）对变量加 1 或减 1，长按（2s）对变量进行快速、连续地加或减。

键盘长按、短按识别流程图如图 3-7 所示。

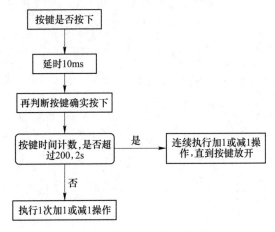

图 3-7　键盘长按、短按识别流程图

程序执行过程是：主函数不断调用键盘扫描函数，键盘扫描函数包括 K1 键扫描程序和 K2 键扫描程序，两段程序基本一样，只是 K1 对变量 data1 加，K2 对变量 data1 减。键盘长按、短按的判断识别过程是：首先判断按键是否按下，如按下，延时 10ms 消抖，再判断按键是否按下，如确实按下，就对 keytime 时间计数变量进行加 1，只要按键没放开，就连续对 keytime 变量每隔 10ms 加 1 一次，直到按键放开。

按键放开时，有以下两种分支：

（1）如果按键按下的时间达到 2s（10ms×200＝2000ms＝2s），就对 data1 执行连续的加 1，直到按键放开；

（2）如果按键放开时，没有达到 2s，则跳出此时间计数循环，执行下面的 data1 加 1 一次。

这样，一个按键就具有了长按和短按两个功能。

4 显示输出的典型应用

4.1 单片机显示输出分类

单片机显示输出分类包括 LED 数码管静态显示、LED 数码管动态显示、LED 数码管、键盘专用驱动集成电路、LCD1602 应用编程和 LCD12864 应用编程。

注意：

（1）LCD1602 为 2 行字符，每行 16 个字符；

（2）LCD12864 为 4 行汉字（字符），每行 8 个汉字（16 个字符）。

4.2 LED 数码管应用编程

4.2.1 LED 数码管静态显示应用编程

数码管静态显示，需要连续的电压驱动，而非动态扫描，静态显示的优点是编程简单，缺点是一位数码管需要单片机的 8 个端口连接驱动，n 位静态显示就需要 n×8 根 I/O 接口线，因此占用单片机的端口资源较多，一般很少采用。只有显示位数较少，如 1~2 位显示时，才运用数码管静态显示。当然也可采用静态显示接口集成电路，占用端口也少，但硬件电路复杂，硬件成本也高。

例如：1 位 LED 数码管循环静态显示 0~9（下面 2 位数码管只使用了 1 位，cc 为共阴极数码管）。

硬件原理图如图 4-1 所示。

源程序如下：

```
#include <reg51. h>
#define uchar unsigned char
#define uint   unsigned int
uchar code tab[ ] = { 0x3f,0x06,0x5b,0x4f,0x66,0x6d,0x7d,0x07, 0x7f,0x6f } ;   //0~9 段码
void delayms（uint t）                                              //毫秒延时函数
{  uchar i,j;
    for( i=0;i<t;i++)
    for( j=0;j<122;j++) ;
}
void main( void)
{  uchar I;
    while(1)
    {
```

```
for(i=0;i<10;i++)
    {
    P0=tab[i];
    delayms（1000）;
    }
    }
}
```

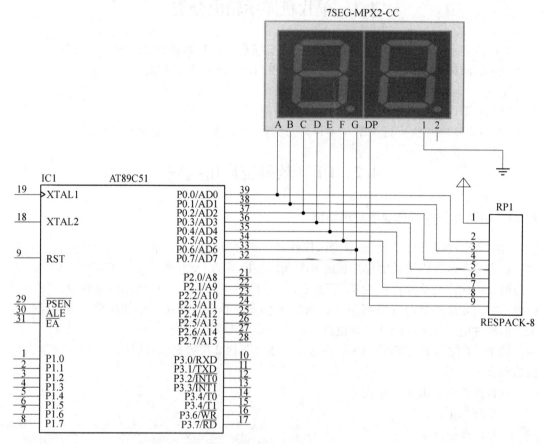

图 4-1　LED 数码管静态显示

分析说明：本例是用一位数码管循环显示数字 0~9，P0 口送出段码，数码管就会显示相应的数字，数字 0~9 的段码见数组 tab ［ ］ = ｛ ｝，tab ［0］是数字 0 的段码，tab ［1］是数字 1 的段码，以此类推。主函数中用 while （1） 无限循环，for 循环 10 次，把数组中的 10 个数的段码输出给数码管显示 0~9，本例执行的结果是：1 位数码管不断显示 0~9，每隔 1s 变换 1 个数字。

4.2.2　LED 数码管动态扫描显示应用编程

LED 数码管动态扫描显示，硬件电路简单，占用单片机端口少，因此得到广泛的应用。它是把所有每一位的 abcdefgh 段码并联在一起，所有数码管收到的段码都是一样的，同一时间只有一位数码管显示，哪一位数码管显示由位驱动来决定，按顺序一位一位地显示数字，每一位数码管显示的时间为 $1\sim2\mathrm{ms}$，由于扫描速度很快，所以人眼看到的是稳定连续的数字，LED 数码管分为共阴和共阳两种。

段码表如下：

```
unsigned char code distab[16]={0x3f,0x06,0x5b,0x4f,0x66,0x6d,0x7d,0x07, 0x7f,0x6f,0x77,0x7c,
0x39,0x5e,0x79,0x71}
                              //共阴段码表,无小数点  0~f
unsigned char code distab[16]={0xc0,0xf9,0xa4,0xb0,0x99,0x92,0x82,0xf8,0x80,0x90,0x88,0x83,
0xc6,0xa1,0x86,0x8e}
                              //共阳段码表,无小数点  0~f
unsigned char code distab[16]={0xbf,0x86,0xdb,0xcf,0xe6,0xed,0xfd,0x87,0xff,0xef,0xf7,0xfc,0xb9,
0xde,0xf9,0xf1}
                              //共阴段码表,有小数点  0~f
unsigned char code distab[16]={0x40,0x79,0x24,0x30,0x19,0x12,0x02,0x78,0x00,0x10,0x08,0x03,
0x46,0x21,0x06,0x0e}
                              //共阳段码表,有小数点  0~f 标准段码、位码
unsigned char code tab[ ]={0x3f,0x06,0x5b,0x4f,0x66,0x6d,0x7d,0x07,0x7f,0x6f,0x00};
                              //0~9 段码  共阴段码表
unsigned char code tab[ ]={0xc0,0xf9,0xa4,0xb0,0x99,0x92,0x82,0xf8,0x80,0x90};
                              //0~9 段码  共阳段码表
uchar code   wtab[8]={0xfe,0xfd,0xfb,0xf7,0xef,0xdf,0xbf,0x7f };     //位码  共阴
uchar code   wtab[8]={0x01,0x02,0x04,0x08,0x10,0x20,0x40,0x80};     //位码  共阳
XL2000 型实验箱段码、位码:uchar code tab[ ]={0x28,0x7e,0xa2,0x62,0x74,0x61,0x21,0x7a,0x20,
0x60};
                              //0~9 段码  共阳段码表
uchar code wtab[8]={ 0x7f,0xbf,0xdf,0xef,0xf7,0xfb,0xfd,0xfe };
                              //位码:个位、十、百、千、万、十万、百万、千万
```

4.2.2.1　XL2000 型实验箱 LED 8 位数码管动态扫描显示驱动函数

硬件连接：P0 口接段码，P2 口接位码。

源程序如下：

```
void delay1(void)                    //显示用延时函数 1
{ uchar i;
    for(i=0;i<100;i++);
}
  void delay2(void)                  //显示用延时函数 2
  {  uint j;
    for(j=0;j<300;j++);
  }
void display(uint k)                 //显示函数  入口值: k
{   P2=0xfe;                         //位码  千万位
    P0=tab[k/10000000];             //千万值
```

```
        delay2();                          //延时
        P0 = 0xff;                         //段消隐
        delay1();
        P2 = 0xfd;                         //位码  百万位
        P0 = tab[k%10000000/1000000];      //百万值
        delay2();                          //延时
        P0 = 0xff;                         //段消隐
        delay1();
        P2 = 0xfb;                         //位码  十万位
        P0 = tab[k%1000000/100000];        //十万值
        delay2();
        P0 = 0xff;                         //段消隐
        delay1();
        P2 = 0xf7;                         //位码   万位
        P0 = tab[k%100000/10000];          //万位值
        delay2();
        P0 = 0xff;                         //段消隐
        delay1();
        P2 = 0xef;                         //位码  千位
        P0 = tab[k%10000/1000];            //千位值
        delay2();
        P0 = 0xff;                         //段消隐
        delay1();
        P2 = 0xdf;                         //位码   百位
        P0 = tab[k%1000/100];              //百位值
        delay2();
        P0 = 0xff;                         //段消隐
        delay1();
        P2 = 0xbf;                         //位码  十位
        P0 = tab[k%100/10];                //十位值
        delay2();
        P0 = 0xff;                         //段消隐
        delay1();
        P2 = 0x7f;                         //位码  个位
        P0 = tab[k%10];                    //个位值
        delay2();
        P0 = 0xff;                         //段消隐
        delay1();
}
```

分析说明：本程序为 XL2000 型实验箱 LED 8 位数码管动态扫描显示驱动函数，段码表与标准段码表不相同，是根据此实验箱的硬件段码连线而得到的，此处用到了 3 个函数 delay1、delay2 、delay（ ），前 2 个函数是 delay（ ）显示函数所需调用的短延时函数。

delay（　）显示函数对 8 位 LED 数码管动态扫描逐位显示，8 位的扫描执行过程是一样的，当扫描某位时，先从 P2 口送一个待显示位的位码，再从 P0 口送一个所需显示数值的段码，使该位显示 delay2（　）长的时间，然后 P0 = 0xff;（段消隐），使该位熄灭不亮 delay1（　）长的时间，如此反复循环显示 8 位数码管。

4.2.2.2　LED 数码管动态扫描显示应用

LED 数码管动态扫描显示应用：2 个按键加 1 减 1，8 位 LED 数码管显示。

源程序如下：

```
#include <reg52.h>
#define uchar unsigned char
#define uint unsigned int
sbit key1 = P3^1;
sbit key2 = P3^2;
uchar code tab[ ] = {0x28,0x7e,0xa2,0x62,0x74,0x61,0x21,0x7a,0x20,0x60};
                        //XL2000 型实验箱、0~9 段码　共阳段码表
uchar code wtab[8] = { 0x7f,0xbf,0xdf,0xef,0xf7,0xfb,0xfd,0xfe};
                        //2000 型实验箱、位码:个位、十、百、千、万、十万、百万、千万
uchar num;              //全局变量
void delayms(uint t)    //毫秒延时函数
{   uchar i,j;
    for(i=0;i<t;i++)
    for(j=0;j<122;j++);
}
    void delay1(void)   //显示用延时函数 1
    {   uchar i;
        for(i=0;i<100;i++);
    }
    void delay2(void)   //显示用延时函数 2
    {   uint j;
        for(j=0;j<300;j++);
    }
void display(uint k)    //显示函数　入口值:k
{   P2 = 0xef;          //位码　千位
    P0 = tab[k%10000/1000];   //千位值
    delay2( );
    P0 = 0xff;          //段消隐
    delay1( );
    P2 = 0xdf;          //位码　百位
    P0 = tab[k%1000/100];     //百位值
    delay2( );
    P0 = 0xff;          //段消隐
    delay1( );
```

```
        P2=0xbf;                //位码　十位
        P0=tab[k%100/10];       //十位值
        delay2( );
        P0=0xff;                //段消隐
        delay1( );
        P2=0x7f;                //位码　个位
        P0=tab[k%10];           //个位值
        delay2( );
        P0=0xff;                //段消隐
        delay1( );
    }
    void keyscan( )             //按键扫描函数
    {   if(K1==0)               //K1 是否按下
        {   delayms(10);
            if(K1==0)
            {   num++;
                if(num==60)     //当到 60 时重新归 0
                num=0;
                while(! K1);    //等待按键释放
            }
        }
        if(K2==0)               //K2 是否按下
        {   delayms(10);
            if(K2==0)
            {   if(num==0)      //当到 0 时重新归 60
                num=60;
                num--;
                while(! K2);    //等待按键释放
            }
        }
    }
    void main( )
    {   while(1)
        {
            keyscan( );
            display(num);
        }
    }
```

分析说明：本程序运行的结果是，通过键盘扫描函数，2 个按键使变量 num 加 1 或减 1，然后把 num 的值传递到 display(num) 显示函数中，在 LED 数码管上显示出来，主函数的 while(1) 中无限循环调用键盘扫描函数和 LED 数码管显示函数，显示函数与前一个实例 LED 数码管动态扫描函数相同。

4.3 LED 数码管、键盘专用驱动集成电路

4.3.1 MAX7219 数码管显示驱动芯片

MAX7219（串行共阴极数码管显示驱动芯片）是 MAXIM 公司生产的串行输入/输出共阴极数码管显示驱动芯片，一片 MAX7219 可驱动 8 个 7 段（包括小数点共 8 段）数字 LED、LED 条线图形显示器，或 64 个分立的 LED 发光二极管。该芯片具有 10MHz 传输率的三线串行接口可与任何微处理器相连，只需一个外接电阻即可设置所有 LED 的段电流。它的操作很简单，MCU 只需通过模拟 SPI 三线接口就可以将相关的指令写入 MAX7219 的内部指令和数据寄存器，同时它还允许用户选择多种译码方式和译码位。此外它还支持多片 7219 串联方式，这样 MCU 就可以通过 3 根线（即串行数据线、串行时钟线和芯片选通线）控制更多的数码管显示。

MAX7219 的外部引脚如图 4-2 所示。

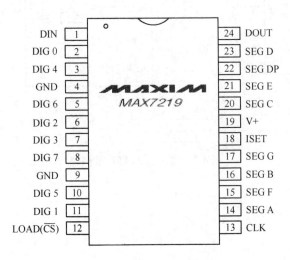

图 4-2 MAX7219 引脚图

引脚介绍如下。

（1）DIN：串行数据输入端。

（2）DOUT：串行数据输出端，用于级连扩展。

（3）LOAD：装载数据输入。

（4）CLK：串行时钟输入。

（5）DIG0～DIG7：8 位 LED 位选线，从共阴极 LED 中吸入电流。

（6）SEG A～SEG G、DP：7 段驱动和小数点驱动。

（7）ISET：通过一个 10kΩ 电阻和 VCC 相连，设置段电流。

硬件原理图如图 4-3 所示。

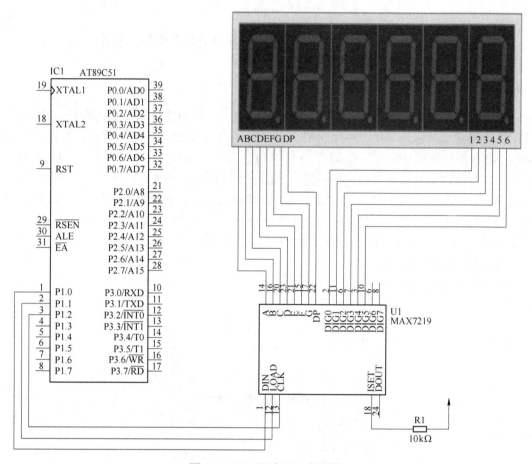

图 4-3　7219 驱动 LED 数码管

源程序如下：

```
#include <AT89X51. H>
#include <intrins. h>
#define uint unsigned int
#define uchar unsigned char
sbit sbDIN = P1^0;                              //显示串行数据输入端
sbit sbLOAD = P1^1;                             //显示数据锁存端
sbit sbCLK = P1^2;                              //显示时钟输入端
unsigned char Disp_Buffer[8] = {1,9,6,3,0,6,1,7};   //显示 8 个数据
void Delayms(uint ms)                           //毫秒延时子程序
{   uint i, j;
    for(i=0;i<ms;i++)
    for(j=0;j<124;j++);
}
void Write7219(uchar Addr,uchar Data)           //向 MAX7219 写入数据(8 位),形参:地址、
                                                数据
```

```
{  uchar i,data1,data2;
   sbLOAD=0;
   for (i=0;i<8;i++)                          //循环8次,送8位地址
   {  sbCLK=0;                                //时钟拉低
      data1=Addr&0x80;                        //取出第8位数据
      Addr<<=1;                               //移位送出地址
      sbDIN=data1;                            //送出数据
      sbCLK=1;                                //时钟上升沿
      _nop_( );
      _nop_( );
      sbCLK=0;
   }
   for (i=0;i<8;i++)                          //循环8次,送8位数据
   {  sbCLK=0;
      data2=Data&0x80;
      Data<<=1;
      sbDIN=data2;
      sbCLK=1;
      _nop_( );
      _nop_( );
      sbCLK=0;
   }
   sbLOAD=1;
}
void   Init7219( )                            //MAX7219初始化
{  Write7219 (0x09,0xff);                     //编码模式寄存器
   Write7219 (0x0a,0x07);                     //显示亮度寄存器
   Write7219 (0x0b,0x07);                     //扫描控制寄存器
   Write7219 (0x0c,0x01);                     //关闭模式寄存器
}
void main(void)                               //主函数
{  uchar i;
   Init 7219( );                              //MAX7219初始化
   Delayms(1);
   while(1)
   {
      for (i=0;i<8;i++)                       //循环8次,向MAX7219的个地址写入8个
                                              //数19630617
   {  Write7219 (8-i,Disp_Buffer[i]);         //我用的这个屏,位码要反过来,不是i+1,
                                              //而是8-i
   }
   }
}
```

分析说明：MAX7219 是串行输入，输出到共阴极数码管的显示驱动芯片，它与单片机的连接简单，通过 3 根线（即串行数据线、串行时钟线和芯片选通线）就可以让 LED 数码管进行显示。Init 7219（）函数对 MAX7219 进行初始化设置，Write7219（uchar Addr，uchar Data）函数指定地址、写入字节（8 位）数据。主函数不断调用 Write7219（uchar Addr，uchar Data）函数，循环 8 次写入 19630617 数据，上图的数码管只有 6 位，要显示 8 位数字，换成 8 位就可正常显示，此实验的运行结果是：在 8 位 LED 数码管上显示出 19630617。

4.3.2　HD7279A 数码管显示+键盘接口芯片

HD7279A 是一片具有串行接口，8 位 LED 共阴数码管（或 64 只独立 LED），64 键矩阵键盘接口芯片。数码管只需要外接少量的外围电阻等，即可构成完善的显示、键盘接口电路。而与 CPU 的接口采用 SPI 串行接口方式，使用方便。

HD7279A 还具有多种控制指令，如消隐、闪烁、左移、右移、段寻址等。该芯片内部含有译码器，具有两种译码方式，可直接接收 16 进制码。

应用电路如图 4-4 所示。

4.3.3　ZLG7289

ZLG7289 芯片与 HD7279 基本一样，该芯片具有 SPI 串行接口，8 位 LED 共阴式数码管（或 64 只独立 LED）显示和连接达 64 键矩阵键盘接口芯片。

4.3.4　8279 数码管显示+键盘接口芯片

8279 是可编程的键盘、显示接口芯片，在单片机系统中应用很广泛。键盘部分可控制 8×8＝64 个按键或 8×8 阵列方式的传感器，显示器最大可 16 位 LED 数码显示。

引脚功能图如图 4-5 所示。

4.3.5　8155 并行 I/O 接口芯片

8155 是一种通用的多功能可编程 RAM/IO 扩展器，8155 片内不仅有 3 个可编程并行 I/O 接口（A 口、B 口为 8 位、C 口为 6 位），而且还有 256B SRAM 和一个 14 位定时/计数器，常用作单片机的外部扩展接口，与键盘、显示器等外围设备连接。

8155 是一个 40 引脚的塑封芯片，功能较强，广泛地应用在计算机电路中。它含一个可预置的计数器，计数范围从 2 到 16383，可用于延时、计数或分频。它内部还有 256 字节的 RAM，可以补充 CPU 内存的不足。为了能够设置芯片的工作方式和了解芯片的状态，内部还有命令寄存器和状态寄存器。8155 共有 40 个引脚，其中与 CPU 相连的引脚有 CE、IO/M、D0~D7、ALE、RD、WR 和 RESET。CE 是片选信号，当 CE＝0 时，芯片才与 CPU 交换信息。

8155 内部的定时/计数器实际上是一个 14 位的减法计数器，它对 TIMER IN 端输入脉冲进行减 1 计数，当计数结束（即减 1 计数回 0）时，由 TIMER OUT 端输出方波或脉冲。当 TIMER IN 接外部脉冲时，为计数方式；接系统时钟时，可作为定时方式。

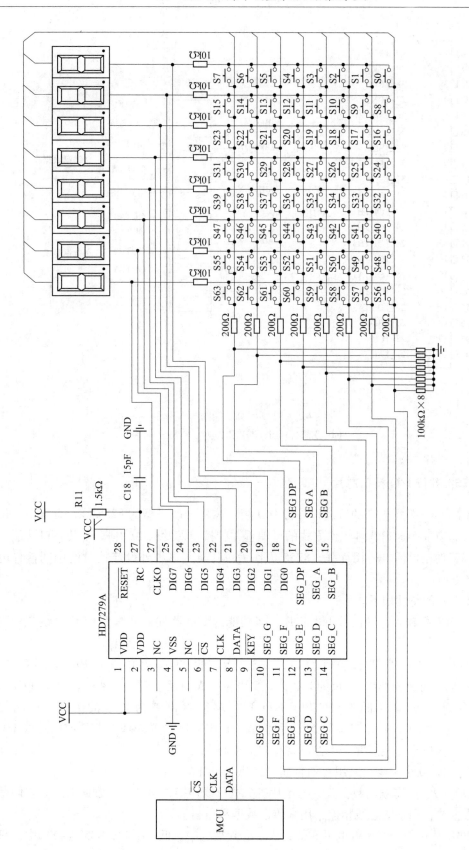

图 4-4 HD7279A 应用原理图

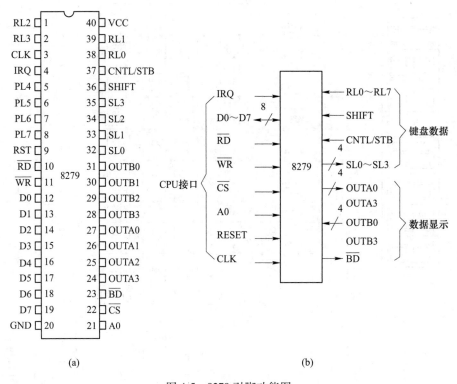

图 4-5　8279 引脚功能图

（a）引脚排列图；（b）引脚功能图

4.3.6　8255A 并行 I/O 接口芯片

8255A 是 Intel 公司生产的可编程并行 I/O 接口芯片（改进型为 8255A），有 3 个 8 位并行 I/O 口，有 3 个通道 3 种工作方式的可编程并行接口芯片（40 引脚）。其各口功能可由软件选择，使用灵活，通用性强，8255 可作为单片机与多种外设连接时的中间接口电路，如图 4-6 所示。

8255A 芯片的特性如下。

（1）一个并行输入、输出的 LSI 芯片，多功能的 I/O 器件，可作为 CPU 总线与外围的接口。

（2）具有 24 个可编程设置的 I/O 口，即 3 组 8 位的 I/O 口为 PA 口，PB 口和 PC 口。

（3）它们又可分为两组 12 位的 I/O 口，A 组包括 A 口及 C 口（高 4 位，PC4~PC7），B 组包括 B 口及 C 口（低 4 位，PC0~PC3）。A 组可设置为基本的 I/O 口，闪控（STROBE）的 I/O 闪控式，双向 I/O，3 种模式；B 组只能设置为基本 I/O 或闪控式 I/O 两种模式，而这些操作模式完全由控制寄存器的控制字决定。

8255A 共有 40 个引脚，采用双列直插式封装，各引脚功能如下。

（1）D0-D7：三态双向数据线，与单片机数据总线连接，用来传送数据信息。它们是 8255A 的数据线，和系统总线相连，用来传送数据和控制字。

（2）CS：片选信号线，低电平有效，表示芯片被选中。低电平时，8255A 被选中，只

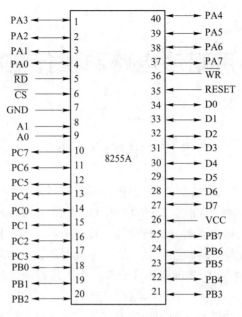

图 4-6　8255A 芯片引脚图

有当有效时，CPU 才能对 8255A 进行读写操作。

（3）RD：读出信号线，低电平有效，控制数据的读出。低电平有效，当有效时，CPU 可以从 8255A 中读取数据。

（4）WR：写入信号线，低电平有效，控制数据的写入。低电平有效，当有效时，CPU 可以往 8255A 中写入控制字或数据。

（5）RESET：复位信号线，高电平有效，当 RESET 信号来到时，所有内部寄存器都被清除，同时 3 个数据端口被自动置为输入端口。

（6）A1、A0：地址线，用来选择 8255 内部端口。当 A1、A0 为 00 时，选中 A 端口；当 A1、A0 为 01 时，选中 B 端口；当 A1、A0 为 10 时，选中 C 端口；当 A1、A0 为 11 时，选中控制口。

（7）PA0-PA7：A 口输入/输出线。

（8）PB0-PB7：B 口输入/输出线。

（9）PC0-PC7：C 口输入/输出线。

（10）VCC：+5V 电源。

（11）GND：地线。

8155 与 8255 的区别为：

（1）都是单片机并行口扩展芯片，8155 有 2 个 8 位端口+1 个 6 位端口，8255 有 3 个 8 位端口；

（2）8155 还包含 256 字节 RAM 和一个 14 位定时/计数器。

5 常用驱动电路和执行机构编程应用

5.1 电机的分类

（1）直流电机：用直流驱动其转动的电机，只要有直流电压，就一直会连续旋转。

（2）步进电机：用脉冲电流驱动其转动的电机，一组脉冲驱动电机转一步。

（3）舵机：用占空比脉冲控制电机转动的位置，不同的占空比得到不同的转动位置。

（4）伺服电机：电机的运转状态信息反馈给驱动电路，使控制信息和电机的运转状态信息进行比较，然后又去控制电机的运行，形成一个闭环控制过程。

注意：

（1）伺服电机和步进电机的区别：步进电机是开环控制，伺服电机是闭环控制；

（2）开环就是只管控制，没有反馈。

5.2 直流电机应用编程

直流电机应用广泛，它有两个接线端子，只要加上直流电源，电动机就开始旋转，改变直流电源的方向（正负极），电机又变成相反的方向旋转。所以通过切换接线端子的极性，可以改变电机的方向；通过改变提供给电机的电流，可以改变电机的速度。

直流减速电机是减速箱电机是直流电机的一类，是在直流电机的基础上增加一个齿轮变速箱，可有多种变速比，起到减速作用，并增加扭矩，在很多机电设备中应用较广。

常见直流电机、直流减速电机外形分别如图5-1和图5-2所示。

图 5-1 常见直流电机外形

5.2.1 直流电机常用驱动电路

常见的直流电机常用驱动电路如图5-3~图5-5所示。

图 5-2 常见直流减速电机外形

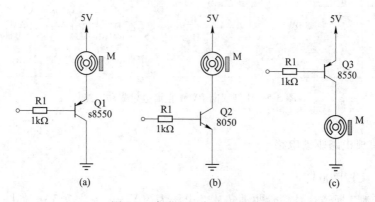

图 5-3 直流电机常用驱动电路

（a）发射极负载、低电平控制；（b）集电极负载、高电平控制；（c）集电极负载、低电平控制

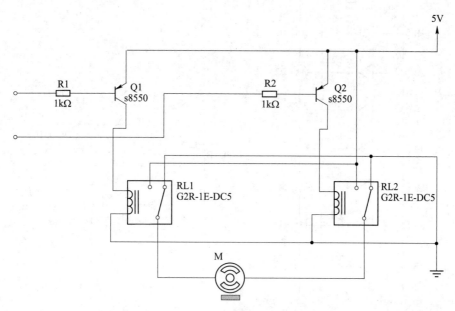

图 5-4 直流电机正反转继电器驱动电路

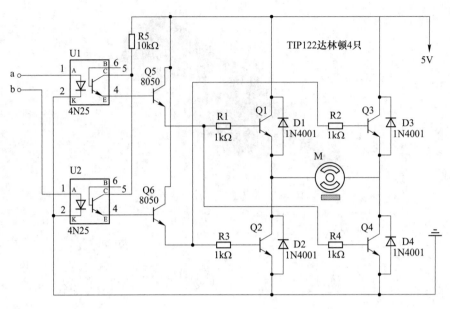

图 5-5　H 型双向 PWM 直流电机驱动电路

5.2.2　常用集成电路驱动电路

5.2.2.1　ULN2003

ULN2003 为 7 通道达林顿管驱动芯片，电压为 50V，电流为 0.5A，如图 5-6 所示。

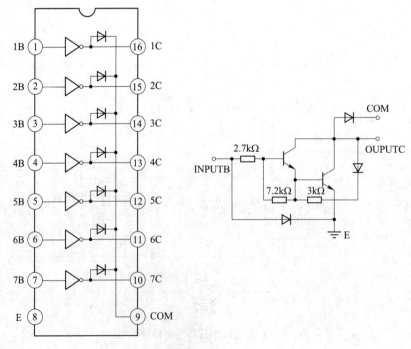

图 5-6　ULN2003

5.2.2.2 ULN2803

ULN2803 为 8 通道达林顿管驱动芯片，电压为 50V，电流为 0.5A，如图 5-7 所示。

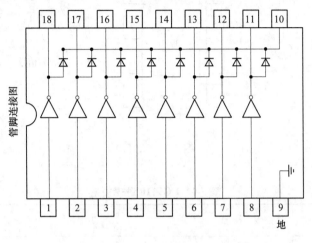

图 5-7 ULN2803

5.2.2.3 ULN2068

ULN2068 为 4 通道达林顿管驱动芯片，电压为 50V，电流为 1.5A，如图 5-8 所示。

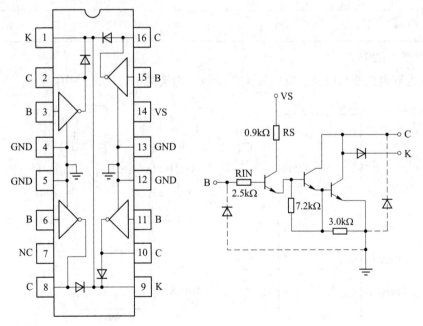

图 5-8 ULN2068

5.2.2.4 LG9110

LG9110 为单电机驱动电路，电压为 2.5~12V，电流为 800mA，如图 5-9 所示。其逻辑关系见表 5-1。

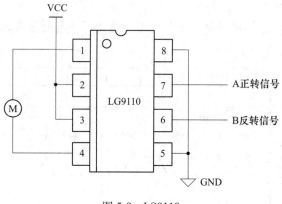

图 5-9　LG9110

表 5-1　LG9110 逻辑关系

A	B	1 脚	4 脚
1	0	1	0
0	1	0	1
0	0	0	0
1	1	0	0

5.2.2.5　L293

L293 为双电机驱动电路，电压为 4.5~36V，电流为 1A，如图 5-10 所示。

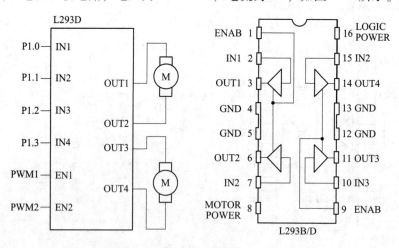

图 5-10　L293

5.2.2.6　L298N

L298N 为双电机驱动电路，电压为 4.5~46V，电流为 2A，如图 5-11 所示。

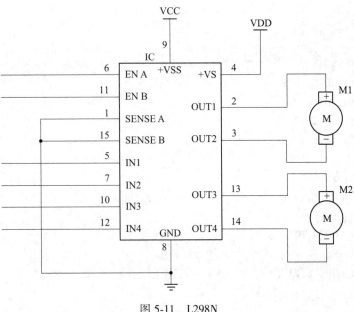

图 5-11　L298N

5.2.3　PWM 脉冲应用程序

5.2.3.1　PWM 脉冲占空比输出控制 LED 灯的亮度

任务及要求：从单片机 P37 口输出不同占空比的 PWM 脉冲，周期为 10ms，频率为 100Hz，要求占空比从 0~100% 6 级，让接在 P37 口的 LED 灯逐渐由暗到亮不断循环点亮。用软件延时获得 PWM，晶振 12MHz。

源程序如下：

```
#include <reg51. h>
#include <intrins. h>
#define uchar unsigned char
#define uint   unsignedint
sbit PWM = P3^7;
  void delayms( uint t)                //毫秒延时函数
{  uchari,j;
   for( i = 0;i<t;i++)
   for( j = 0;j<122;j++) ;
}
  void PWM_LED( uintH,uint W)          //脉冲 PWM 输出函数
{  PWM = 1;
   delayms( H) ;                       //高电平时间
   PWM = 0;
   delayms( W-H) ;                     //低电平时间,总周期为 10ms
}
   void main(   )
```

```
{  uchar a;
   while(1)
   {
   for(a=100;a>0;a--)                    //循环 100 次,100 个周期
       PWM_LED(0,10);                    //占空比为 0%
   for(a=100;a>0;a--)
       PWM_LED(2,10);                    //占空比为 20%
   for(a=100;a>0;a--)
       PWM_LED(4,10);                    //占空比为 40%
   for(a=100;a>0;a--)
       PWM_LED(6,10);                    //占空比为 60%
   for(a=100;a>0;a--)
       PWM_LED(8,10);                    //占空比为 80%
   for(a=100;a>0;a--)
       PWM_LED(10,10);                   //占空比为 100%
   }
}
```

分析说明：本例是用软件延时获得 PWM，PWM_LED(ucharH)就是 PWM 脉冲产生函数，带有一个形参 H，H 决定了占空比，delayms（10-H）；里的 10 就是周期 10ms，如果需要 20s 的周期就改为 20，总延时时间就变为 20ms 了。调用 PWM_LED(ucharH)脉冲产生函数时，需要多少的占空比，实参赋多少就可以了，如需要 60% 的占空比，PWM_LED(6)；单片机 P37 口就输出占空比为 60% 的 PWM 脉冲了，周期为 10ms，频率为 100Hz。

这个程序的执行结果是：P37 口的 LED 灯逐渐由暗到亮不断循环点亮。

5.2.3.2　单片机端口 PWM 脉冲占空比输出控制小车

单片机端口 PWM 脉冲占空比输出控制小车（控制 1 个电机）：控制一个直流电机的前进、后退、快速、慢速。

其硬件原理图如图 5-12 所示。

源程序如下：

```
#include<reg51.h>
#include<intrins.h>
#define uchar unsigned char
#define uint   unsignedint
sbit P10=P1^0;                           //电机控制端
sbit P11=P1^1;
void FF(uintH,uint W);                   //正转函数,占空比:H/W
void RR(uintH,uint W);                   //反转函数,占空比:H/W
void Stop5S(void);                       //停止 5s 函数
void delay(uint t)                       //毫秒延时函数
{  uchari,j;
for(i=0;i<t;i++)
for(j=0;j<124;j++);
```

```
}
void FF(uintH,uint W)                //电机正转,产生一个脉冲,站空比为 H/W
{P1_0=1;
  P1_1=0;
  delay(H);
  P1_0=0;
  P1_1=0;
  delay(W-H);
}
void RR(unsigned intH,unsignedint W)  //电机反转,产生一个脉冲,站空比为 H/W
{P1_0=0;
  P1_1=1;
  delay(H);
  P1_0=0;
  P1_1=0;
  delay(W-H);
}
void Stop5S(void)                    //停止 5s
{P1=0x00;
delay(5000);
}
voidmain(   )
{int i;
  P1=0x00;
  delay(3000);                       //延时 3s
  while(1)
  {
  for(i=0;i<100;i++)                 //快速前进
}
FF(20,30);
delay(30);
}
delay(2000);
  for(i=0;i<100;i++)                 //慢速前进
  {
  FF(10,30);
  delay(30);
  }
  Stop5S(   );
  for(i=0;i<100;i++)                 //快速后退
  {
  RR(20,30);
```

```
    delay(30);
    }
    delay(2000);
    for(i=0;i<100;i++)                    //慢速后退
    {
    RR(10,30);
    delay(30);
    }
    Stop5S();
    }
}
```

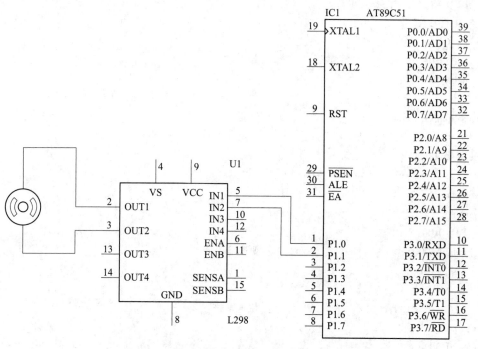

图 5-12　控制 1 个直流电机原理图

分析说明：一个直流电机需要两个单片机端口来进行控制，P10、P11 接电机控制端口。程序由 5 个函数组成，延时函数、电机正转函数、电机反转函数、电机停止函数、主函数。电机正转函数、电机反转函数执行一次只产生一个脉冲，要连续产生 n 个脉冲串，就要循环 n 次。电机正转：$P1\_0=1$、$P1\_1=0$，电机反转：$P1\_0=0$、$P1\_1=1$。PWM 脉冲控制电机的转速，周期为 30ms。

程序的执行过程是：小车快速前进→慢速前进→快速后退→慢速后退→停止，如此反复循环。小车前进或后退的时间由 for 循环的次数来决定，上面 for 循环的次数是 100 次，每次的周期是 30ms，所以每次前进和后退的时间约 3s。

5.2.3.3　单片机端口 PWM 脉冲占空比输出控制小车驱动函数

单片机端口 PWM 脉冲占空比输出控制小车驱动函数（控制两个电机）：控制两个直

流电机的前进、后退、左转、右转、停止。

其硬件原理图如图 5-13 所示。

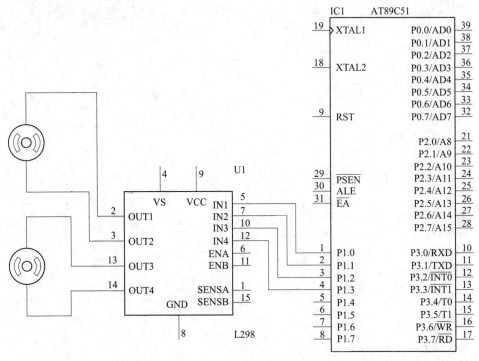

图 5-13 控制两个直流电机原理图

源程序如下:

```
void delayms( uint t)              //毫秒延时函数
{   uchari,j;
    for(i=0;i<t;i++)
    for(j=0;j<124;j++);
}
void left( uintH,uint W)           //左转   H:高电平时间,W:1 个脉冲周期时间
{   out1=0;
    out2=1;
    out3=1;
    out4=0;
    delayms(H);
    out1=0;
    out2=0;
    out3=0;
    out4=0;
    delayms(W-H);
}
void right (uintH,uint W)          //右转
```

```
{   out1 = 1;
    out2 = 0;
    out3 = 0;
    out4 = 1;
    delayms( H);
    out1 = 0;
    out2 = 0;
    out3 = 0;
    out4 = 0;
    delayms( W-H);
}
void FF( uintH, uint W)                    //前进
{   out2 = 0;
    out4 = 0;
    out1 = 1;
    out3 = 1;
    delayms( H);
    out1 = 0;
    out2 = 0;
    out3 = 0;
    out4 = 0;
    delayms( W-H);
}
void RR( uintH, uint W)                    //后退
{   out2 = 1;
    out4 = 1;
    out1 = 0;
    out3 = 0;
    delayms( H);
    out1 = 0;
    out2 = 0;
    out3 = 0;
    out4 = 0;
    delayms( W-H);
}
void stop(  )                              //停止
{   out1 = 0;
    out2 = 0;
    out3 = 0;
    out4 = 0;
}
```

分析说明：以上是两个直流电机的驱动函数，两个直流电机需要 4 个单片机端口来进

行控制，前进、后退、左转、右转、停止由 4 个端口的电平逻辑状态来决定。电机运转的速度由 PWM 的占空比决定。

5.2.3.4 按键 PWM 脉冲控制直流电机的转速，LED 数码管显示电机的转速

按键 PWM 脉冲控制直流电机的转速，LED 数码管显示电机的转速：用 P37 口控制一个直流电机，对直流电机进行测速、转速在 LED 数码管上显示。

任务及要求：用按键控制直流电机的转速，开机后电机停，按 K1 键，电机按 20% 占空比运行。按 K2 键，电机按 90% 占空比运行。用 LED 数码管显示电机的转速。

其硬件原理图如图 5-14 所示。

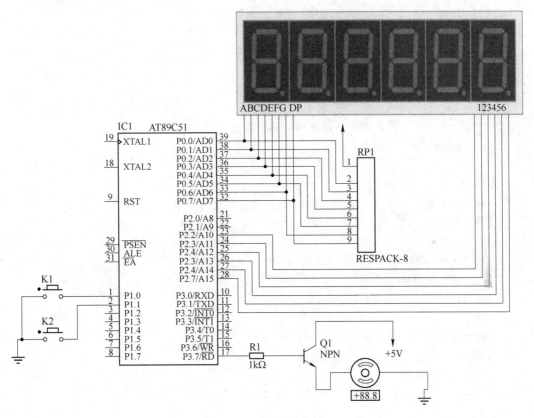

图 5-14 直流电机测速

源程序如下：

```
#include <reg51. h>
#define uchar unsigned char
#define uint unsigned int
sbit K1 = P1^0;
sbit K2 = P1^1;
sbit P37 = P3^7;                    //脉冲输出端口
uintxd;
ucharcode tab[  ] = {0x28,0x7e,0xa2,0x62,0x74,0x61,0x21,0x7a,0x20,0x60};    //共阳段码表
//uchar code scan_con[8] = {0xfe, 0xfd, 0xfb, 0xf7,0xef,0xdf,0xbf,0x7f};      //位码
```

```
void display(xd);
void Delay_ms(uint xms)              //延时函数
{   uinti,j;
    for(i=xms;i>0;i--)               //延时约 x ms
        for(j=120;j>0;j--);
}

void speed1(  )                      //占空比为20%
{   P37=0;                           //P37 低电平,电机停转
    Delay_ms(8);
    P37=1;                           //P37 高电平,电机转动
    Delay_ms(2);
}

void speed2(  )                      //占空比为90%
{   P37=0;                           //低电平,电机停转
    Delay_ms(1);
    P37=1;                           //高电平,电机转动
    Delay_ms(9);
}

void   init(  )                      //初始化
{   TMOD=0x15;                       //T0 计数,方式1,T1 定时,方式1
    TH0=0;                           //T0 回 0
    TL0=0;
    TH1=(65536-20000)/256;           //T1 赋初值
    TL1=(65536-20000)%256;
    EA=1;
    ET1=1;                           //开 T1 源中断
    TR0=1;                           //启动 T0
    TR1=1;                           //启动 T1
}

void   t1s(  )interrupt 3            //中断1次20ms,1s 到时处理相关数值
{

uchar count;

count++;

if(count==50)

{

count =0;                            //1s 到时 count 回零
xd=TH0*256+TL0;                      //1s 到时,取出 T0 寄存器中的计数值
TH0=0;                               //1s 到时 T0 计数寄存器回零
TL0=0;

}

TH1=(65536-20000)/256;               //T1 重新赋初值
TL1=(65536-20000)%256;
```

```
display(xd);                        //调用显示函数,赋实参 xd
}
void delay1(void)                   //延时 1 函数
{   int K;
    for(K=0;K<100;K++);
}
void delay2(void)                   //延时 2 函数
{   int K;
    for(K=0;K<300;K++);
}
void display(uint m)                //2000 型实验箱   显示函数   入口值:K   返回值:无
{   P2=0xf7;                        //位码万位   1110 1111
    P0=tab[m%100000/10000];         //万值
    delay2( );                      //延时
    P0=0xff;                        //段消隐
    delay1( );
    P2=0xef;                        //位码千位   1110 1111
    P0=tab[m%10000/1000];           //千值
    delay2( );                      //延时
    P0=0xff;                        //段消隐
    delay1( );
    P2=0xdf;                        //位码百位   1101 1111
    P0=tab[m%1000/100];             //百值
    delay2( );
    P0=0xff;                        //段消隐
    delay1( );
    P2=0xbf;                        //位码十位   1011 1111
    P0=tab[m%100/10];               //十值
    delay2( );
    P0=0xff;                        //段消隐
    delay1( );
    P2=0x7f;                        //位码个位   0111 1111
    P0=tab[m%10];                   //个值
    delay2( );
    P0=0xff;                        //段消隐
    delay1( );
}
void main( )
{   uint a;
    init( );                        //初始化
    while(1)
{   if(K1==0)
```

```
        {
        for(a=2000;a>0;a--)              //循环 2000 次
        speed1(   );                     //电机速度 1 转动
        }
    if(K2==0)
    {
    for(a=2000;a>0;a--)                  //循环 2000 次
    speed2(   );                         //电机速度 2 转动
    }
    }
}
```

分析说明：本例是控制一个直流电机，由于驱动电路是一个端口控制，所以电机只朝一个方向旋转。单片机定时计数器 T0 设置成计数器，工作方式为 1。定时计数器 T1 设置成定时器，工作方式为 1。

用 P37 口控制直流电机，并对直流电机进行测速、转速在 LED 数码管上显示。

用开关 K1、K2 控制电机驱动信号 PWM 的占空比，从而改变直流电机的转速。开机后电机停止，如果按 K1 键，电机按 20% 占空比运行。如果按 K2 键，电机按 90% 占空比运行。用 LED 数码管显示电机的转速。

直流电子上有一个转速传感器，每转一圈，产生一个脉冲给单片机的 P34 口，P34 口是计数器 T0 的输入口，输入一个脉冲计数器加 1 一次。程序中有 1 个定时计数器 T1 的中断函数，定时器 T1 定时时间为 20ms，每 20ms 中断一次，50 次中断为 1s。1s 到时，取出计数器 T0 中两 2 计数寄存器 TH0、TL0 的计数值，并转换为十进制数赋给全局变量 xd，转速变量 xd 又传递给显示函数 display(xd)，最后在 LED 数码管上显示出电机的转速。

5.3　步进电机应用编程

5.3.1　常见的步进电机外形

常见的步进电机外形如图 5-15 和图 5-16 所示。

图 5-15　步进电机外形

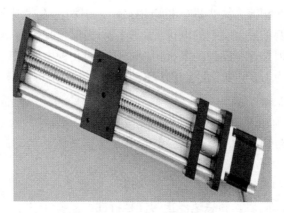

图 5-16 丝杆步进电机外形

步进电机是用脉冲信号来进行控制，根据脉冲数量转过相应的步距角。也就是说，驱动电路按时序给一个脉冲，步进电机就转一步。转一步的角度就是步距角。假如步距角是 7.5°，表示每接收一个脉冲电机就转过 7.5°。它的旋转是以固定的角度一步一步运行的，可以通过控制脉冲个数来控制角位移量；同时可以通过控制脉冲频率来控制电机转动的速度，从而达到调速的目的。步进电机可以作为一种控制用的特种电机，主要应用于各种开环控制。

步进电机与普通直流电机不同，它们不会持续转动，而是一步步地移动。步进电机通常比直流电机移动速度慢得多，因为步进速度取决于脉冲数，一般是 5~600 个/s，但与直流电机不同，步进电机通常在低速时提供更大的转矩，它们对于移动精确的距离非常有用，而且，步进电机在停止时具有很高的转矩。

5.3.2 步进电机的分类、特点、使用注意事项

5.3.2.1 步进电机的分类

A 按电机的结构来分

按电机的结构来分，步进电机可分为反应式步进电机、永磁式步进电机和混合式步进电机。

反应式步进电机也称感应式、磁滞式或磁阻式步进电机，定子上有绕组、转子由软磁材料组成，通电后利用磁导的变化产生转矩。反应式步进电机结构简单、成本低、步距角小，可达 1.2°、但动态性能差、效率低、发热大，可靠性难保证，

永磁式步进电机的转子用永磁材料制成，软磁材料制成的定子上有多相励磁绕组，转子的极数与定子的极数相同。其特点是动态性能好、输出力矩大，但这种电机精度差，步矩角大（一般为 7.5°或 15°）。

混合式步进电机也称永磁反应式、永磁感应式步进电机，综合了反应式和永磁式的优点，其定子上有多相绕组、转子上采用永磁材料，转子和定子上均有多个小齿以提高步矩精度。其特点是输出力矩大、动态性能好，步距角小，但结构复杂、成本相对较高。

B 按定子相数来分

按定子上绕组来分类，可分为二相、三相、五相等系列。

　　在这些分类中，两相混合式步进电机应用最广，市场占有量达到 90% 以上，市场上所见到的大多数都是两相混合类型的电机。之所以两相混合步进电机得到用户青睐，市场份额很大，主要的原因是这个品种的电机相较于其他的几种电机来说运行效果好，性价比更高。其基本步矩角为 1.8°/步，配上半步驱动器后，步矩角可以减少为 0.9°。

5.3.2.2　步进电机的特点

　　（1）步进电机必须加驱动才可以运转，驱动信号必须为脉冲信号，没有脉冲的时候，步进电机静止。加驱动脉冲后，就会以一定的角度（步进角）转动，转动的角度和脉冲的频率成正比。

　　（2）如步进电机的步进角为 1.8°，一圈 360°，需要 200 个脉冲。

　　（3）步进电机有瞬间启动和急速停止的优越特性。

　　（4）改变脉冲的顺序，转动的方向就可改变。

5.3.2.3　步进电机使用注意事项

　　步进电机接收到驱动脉冲后会转动相应的步数，但并不一定能保证转到理论的位置。比如脉冲频率过高或者负载较重，就会造成失步，也就是没转到位，有些频数没能完成。所以要注意频率不能过高和负载不能过重。

5.3.3　步进电机的驱动程序应用

5.3.3.1　步进电机不断循环正转反转

　　从一个舞台电脑灯上拆下的一个步进电机，型号为 57 BYGH 101，混合式步进电机，二相，步距角 1.8°。下面进行步进电机的正反转控制，单片机端口用 P1.0~P1.3。

　　硬件接线图如图 5-17 所示。

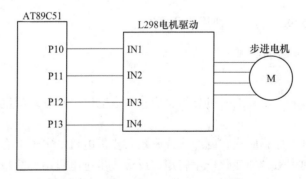

图 5-17　步进电机不断循环正转反转

步进电机正转、反转时序分别见表 5-2 和表 5-3。

表 5-2　步进电机正转时序表

步　数	A	B	C	D
1	1	1	0	0
2	0	1	1	0
3	0	0	1	1
4	1	0	0	1

表 5-3 步进电机反转时序表

步　数	A	B	C	D
1	1	1	0	0
2	1	0	0	1
3	0	0	1	1
4	0	1	1	0

源程序如下：

```
#include <reg51.h>                        //51 芯片引脚定义头文件
#include <intrins.h>                      //包含_nop_( );函数
#define uchar unsigned char               //宏定义
#define uint   unsignedint
uchar code FD[8] = {0xfc,0xf6,0xf3,0xf9};
uchar code RD[8] = {0xf9,0xf3,0xf6,0xfc};
void delay(uint t)                        //毫秒延时函数,12MHz 时钟,延时约 1ms
{  uchari,j;
   for(i=0;i<t;i++)
   for(j=0;j<124;j++);
}
void   motor_f(uint n)                    //正转函数
{  uchar i;
   uint j;
   for (j=0; j<50*n; j++)                 //7.2°×50＝360°,转 n 圈
   {
   for (i=0; i<4; i++)                    //循环 4 次转 7.2°
   {
   P1 = FD[i];                            //调用数组
   delay(15);                             //步间延时,决定频率
   }
   }
}
void   motor_r(uint n)                    //反转函数
{  uchar i;
   uint  j;
   for (j=0; j<50*n; j++)                 //7.2°×50＝360°,转 n 圈
   {
   for (i=0; i<4; i++)                    //循环 4 次转 7.2°
   {
   P1 = RD[i];                            //调用数组
   delay(15);                             //步间延时,决定频率
   }
   }
```

```
    }
    main(  )
    {  while(1)
       {  motor_f(1);                    //电机正转1圈
          delay(1000);                   //等待1s
          motor_r(1);                    //电机反转1圈
          delay(1000);                   //等待1s
       }
    }
```

分析说明：本例是一个舞台电脑灯上拆下的一个步进电机的实验应用，电机型号为57 BYGH 101，混合式步进电机，二相，步距角1.8°。单片机端口用P1.0~P1.3进行控制。驱动电路用L298电机驱动模块，可以驱动两个直流电机，或一个步进电机。单片机的P10~P3端口只要按照驱动时序，不断驱动脉冲送给步进电机，电机就会不断正转或反转。每送一个脉冲，电机转一步。该步进电机的时序是4个脉冲为一个周期，每个脉冲步进角为1.8°。因此for循环4次转7.2°，上一层for循环又50次，就可转动360°（4×1.8°×50=360°）。

正反转函数都带有一个形参n，要让电机转多少圈，实参就赋多少的值。程序主函数执行的过程是：步进电机正转1圈，停止1s，又反转1圈，又停止1s，不断如此循环，电机转动的速度通过正反转函数中的延时函数来调节。

5.3.3.2　用按键控制步进电机

XL600型实验箱步进电机实验：3个按键控制步进电机的正转、反转、停止。按K1正转，按K2反转，按K3停止。步进电机接P1口的低4位，步进角度7.5°，一圈360°，需要48个脉冲，48步。

其硬件接线图如图5-18所示。

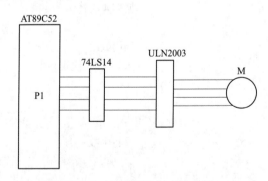

图5-18　用按键控制步进电机

步进电机正转、反转时序分别见表5-4和表5-5。

表5-4　步进电机正转时序

步　数	P13	P12	P11	P10	16进制数
1	0	0	1	1	0x03
2	1	0	0	1	0x09
3	1	1	0	0	0x0c
4	0	1	1	0	0x06

表 5-5 步进电机反转时序

步　数	P13	P12	P11	P10	16 进制数
1	0	0	1	1	0x03
2	0	1	1	0	0x06
3	1	1	0	0	0x0c
4	1	0	0	1	0x09

源程序如下：

```
#include <reg51. h>                              //端口定义头文件
#include <intrins. h>                            //文件包含延时函数 _nop_(   )
#define uchar unsigned char
#define uint unsignedint
sbit K1 = P3^0;                                  //正转
sbit K2 = P3^1;                                  //反转
sbit K3 = P3^2;                                  //停止
                                                 //步进电机接 P1 口的低 4 位
uchar code Fdata[4] = {0x03,0x09,0x0c,0x06};     //XL600 型实验箱 2 相励磁正转表
uchar code Rdata[4] = {0x03,0x06,0x0c,0x09};     //XL600 型实验箱 2 相励磁反转表
void delayms(uint t)                             //毫秒延时函数
{  uchar i,j;
    for(i=0;i<t;i++)
    for(j=0;j<124;j++);
}
void motor_F(uint n)                             //正转函数
{  uchar i;
    uint  j;
    for (j=0; j<12*n; j++)                        //转 n 圈,循环 12 次可转 360°(即 1 圈)
    {
    if(K3==0)                                    //如 K3 键按下
    break;                                       //跳出循环程序
    for (i=0; i<4; i++)                          //循环 4 次共转:7.5°×4=30°
    {
    P1 = Fdata[i];                               //取正转数据表
    delayms (15);                                //每步间隔的时间,决定转速
    }
    }
}
void motor_R(uint n)                             //反转函数
{  uchar i;
    uint  j;
    for(j=0; j<12*n; j++)                         //转 n 圈,循环 12 次可转 360°(即 1 圈)
```

```
        }
        if(K3= =0)                              //如 K3 键按下
        break;                                  //跳出循环程序
        for (i=0; i<4; i++)                     //循环 4 次共转:7.5°×4=30°
        {
        P1 = Rdata[i];                          //取反转数据表
        delayms (15);                           //每步间隔的时间,决定转速
        }
        }
    }
    void main( )                                //主程序
    {  uchar   r;
        while(1)
        {  if(K1= =0)                           //如 K1 键按下
            {
            for(r=0;r<2;r++)                    //for 循环 2 次,电机正转 2 圈
            {  motor_F(1);                      //电机正转 1 圈
            if(K3= =0)                          //如 K3 键按下
            break;                              //退出此循环程序
            }
            }
        else if(K2= =0)                         //如 K2 键按下
        {  for(r=0;r<2;r++)                     //for 循环 2 次,电机反转 2 圈
            {  motor_R(1);                      //电机反转 1 圈
            if(K3= =0)                          //如 K3 键按下
            break;                              //退出此循环程序
            }
        }
        else
        P1 = 0x00;                              //如果没键按下,则 P1 口回 0,电机停转
        }
    }
```

分析说明：本例是一个按键控制步进电机的程序，由 4 个函数组成，其中正转函数和反转函数是不断用 for 循环调用步进电机的时序表数据，然后从 P1 口的低 4 位去驱动步进电机旋转。for 循环 4 次，送出 4 个时序数据，电机走 4 步，每步转 7.5°，共转：7.5°×4=30°。然后又嵌套一级 for 循环，循环转 n 圈，循环 12×n 次，12 次转 360°（即 1 圈），转动 n 圈，n 为实参，调用正转、反转函数时，需要转动多少圈，实参赋多少就可执行。

在主函数中，如果 K1 按下，步进电机正转 2 圈，如果 K2 按下，步进电机反转 2 圈。在电机旋转中，如果 K3 按下，电机则停止转动。在电机正转、反转函数和主函数中，都有按键 K3 判断处理语句，以便 K3 按下时，能即时使电机停止。

5.4 舵机应用编程

舵机是国内的俗称，因为航模爱好者们最初用它控制船舵、飞机舵面而得名。舵机是指伺服电机在航模、小型机器人等领域下常用的一个特殊运用，这类运用一般重量比较轻、体积小、简洁和价格低，内部带变速齿轮。

5.4.1 常见舵机外形

常见舵机外形如图 5-19 所示，接口引脚如图 5-20 所示。

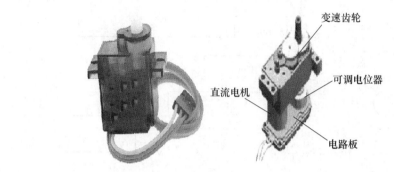

图 5-19 舵机外形图

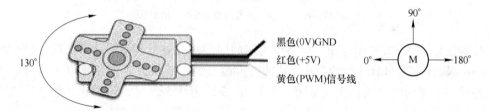

图 5-20 舵机接线图和角度图

标准的舵机有 3 条引线，分别是电源线、地线、控制线。红线接+5V 电压；黑色（或棕色）的线接地线；黄线（或是白色或橙色）控制信号端。

电源线和地线用于提供舵机内部的直流电机和控制线路所需的电源，电压为 4~6V，一般取 5V。给舵机供电电源应能提供足够的功率，否则，电路工作会不正常。

模拟舵机是小型设备中最常用的器件，从舵机结构来看，内部包含 1 个小型直流电机，加上控制电路、同步电位器、齿轮减速机构。有的舵机内部齿轮采用金属材料，有的舵机则用塑料齿轮和塑料外壳，如价格较低的 SG90 舵机，俗称 9g 舵机，重量只有 9g，就是用塑料制作的。小型直流电机与普通的直流电机相同，齿轮减速机构用来变速，减慢转速，提高转动的力量，同步电位器作位置传感用。

5.4.2 舵机的运行原理及控制方法

5.4.2.1 舵机的运行原理

舵机控制电路不断接收 2 路信号，1 路是内部电位器的电压信号，1 路是 PWM 占空比外部控制脉冲, 2 路信号经过信号处理后作比较, 得到 2 路信号的差分电压信号去控制电机的正反转, 直到差分电压为 0 时, 电机才停止转动。

舵机内部电位器与电机上的齿轮机构相连接, 当电动机转动时, 电位器也同步跟随转动, 电位器上的输出电压也随之改变, 从而反馈电机的当前角度, 反映出当前电机的位置。输入的 PWM 控制信号 (周期为 20ms), 占空比可变, 则是反映我们所需要到达的位置。

5.4.2.2 舵机的控制方法

脉冲高电平宽度与舵机转角的对应关系如图 5-21 所示。

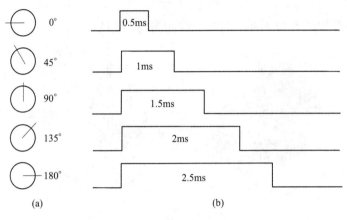

图 5-21　脉冲高电平宽度与舵机转角的对应关系
(a) 舵机转角; (b) 输入信号高电平宽度 (周期 20ms)

控制线输入的 PWM 信号是一个宽度可调的周期性方波脉冲信号, 方波脉冲信号的周期 20ms (即频率为 50Hz)。当方波的脉冲宽度改变时, 舵机转轴的角度发生改变, 角度变化与脉冲宽度的变化成正比 (见图 5-21): 占空比为 0.5ms 时, 转到 0°位置; 占空比为 1ms 时, 转到 45°位置; 占空比为 1.5ms 时, 转到 90°位置, 以此类推。

注意:

(1) 舵机的转动角度范围一般是 0°~180°, 其他也有 0°~270°, 0°~360°;

(2) 即使舵机不需要转动, 也需要每隔一定时间, 如 20ms 给舵机一个脉冲, 以使其保持在当前位置。

5.4.3 舵机程序应用

5.4.3.1 1 个舵机转动 5 个位置, 然后回位

用 T0 中断来产生控制脉冲, 每次中断 0.05ms, 400 个中断刚好 20ms, 高电平低电平时间也在中断中定义。

源程序如下:

```
#include <reg52. h>
#define uchar unsigned char
#define uint unsigned int
uchar count;                        //变量 count
sbit PWM = P1^7;                    //舵机信号端口
```

```
void   init(  )                    //初始化函数
{  TMOD = 0x01;                    //定时器 T0,定时,工作方式 1
    TH0 = 0xff;                    //赋初会值,定时 50
    TL0 = 0xce;
    TR0 = 0;
    EA = 1;                        //开总中断
    ET0 = 1;                       //开 T0 中断
}

void delay_ms( uint t)             //毫秒延时函数
{ uchar i,j;
    for( i = 0;i<t;i++)
    for( j = 0;j<124;j++) ;
}

void   motor(   )                  //舵机转动演示
{   TR0 = 1;
    count = 8;                     //约 0°,此值为全局变量,传递到中断函数、高电平宽度
    delay_ms( 200) ;
    count = 15;                    //约 45°
    delay_ms( 100) ;
    count  = 20;                   //约 90°
    delay_ms( 100) ;
    count  = 30;                   //约 135°
    delay_ms( 100) ;
    count  = 40;                   //约 180°
    delay_ms( 100) ;
    TR0 = 0;
}

void timer0(   ) interrupt 1       //定时器 T1 、定时 0.05ms、400 个中断产生一个 20ms 脉冲控制
                                   //舵机
{   uint j;
    TH0 = 0xff;
    TL0 = 0xce;
    j++;
    if( j< = count)
      PWM = 1;
    else
      PWM = 0;
    if( j = = 400)                 //周期 20ms
    {
      j = 0;
      PWM = ~ PWM;
    }
```

```
    }
void main( void)
{   P1 = 0xFF;
    init(   );                          //初始化
    motor(   );                         //舵机转动演示
    while(1)
    {
    TR1 = 1;
    count = 8;                          //最后回到0°位置
    delay_ms(100);
    TR1 = 0;
    }
}
```

分析说明：由于要用 T0 中断来产生控制脉冲，定时器 T0 设置成定时器，工作方式 1，初值为 65486，计数 50 次产生中断，定时 50μs，每次中断时间为 0.05ms，400 个中断刚好 20ms，高电平低电平时间也在中断中定义。

中断函数中，用 if（j<= count）语句来判断给定的高电平的值，从而产生出一定占空比的控制脉冲，400 个中断时将 j 回 0，又重新下一个脉冲，如此反复不断产生脉冲串。改变全局变量 count 的值，PWM 占空比就随之改变，舵机角度也跟着变化。高电平占空为 0.5ms、1.0ms、1.5ms、2.0ms、2.5ms 分别对应舵机的 0°、45°、90°、135°、180°。

此程序执行的结果是：舵机从 0°位置开始，分别转到 45°、90°、135°、180°后，最后又回到 0°位置。

5.4.3.2　2 个舵机同时转动 5 个位置后回位，2 个舵机为不同参数的舵机

2 个舵机同时运行 5 个位置后回位，用 T1 中断来产生控制脉冲，每次中断 0.05ms，T1 中断 400 次产生一个 20ms 控制脉冲，高电平低电平时间也在中断中定义。

源程序如下：

```
#include <reg52. h>
#define uchar unsigned char
#define uint unsigned int
uchar count1;
uchar count2;
sbit   PWM1 = P2^4;                     //舵机 1 控制端口
sbit   PWM2 = P2^6;                     //舵机 2 控制端口
void   init(   )                        //初始化函数
{   TMOD = 0x10;                        //T1,定时器,工作方式 1
    TH1 = 0xff;                         //初值    255×256 = 65280
    TL1 = 0xce;                         //16×12+14 = 206,初值为 65280+206 = 65486(65486+50 = 65536)
    TR1 = 1;
    EA = 1;                             //打开总中断
    ET1 = 1;                            //打开 T1 中断
```

```
}
void delay_ms(uint t)                  //毫秒延时函数
{   uchar i,j;
    for(i=0;i<t;i++)
    for(j=0;j<124;j++);
}
void  motor(  )                        //2 个舵机同时转动演示函数
{   TR1=1;
    count 1=10;                        //2 个舵机转到 0°
    count 2=10;
    delay_ms(200);                     //停 200ms
    count1=15;                         //转到 45°
    count2=15;
    delay_ms(200);
    count1=20;                         //转到 90°
    count2=20;
    delay_ms(200);
    count1=25;                         //转到 135°
    count2=25;
    delay_ms(200);
    count1=30;                         //转到 180°
    count2=42;                         //2 舵机型号不一样,因此赋值 42
    delay_ms(200);
    TR1=0;
}
void timer0(  ) interrupt 3            //定时计数器 1 中断函数,0.05ms 中断一次,产生舵机 1、舵机 2
                                       //  控制脉冲
{   uint  j,s;
    EX0=0;
    TH1=0xff;
    TL1=0xce;
    j++;
    s++;
  if(j<= count 1)                      //舵机 1 脉冲
  {
      PWM1=1;
  }
  else
  {
      PWM1=0;
  }
  if(j==400)                           //中断 400 次,20ms 到,j 回 0,下一次脉冲循环
```

```
    {
      j=0;
        PWM1= ~ PWM1;
    }
    if( s< = count 2)                        //舵机 2 脉冲
    {
        PWM2=1;
    }
    else
    {
        PWM2=0;
    }
    if( s = = 400)                           //中断 400 次,20ms 到,j 回 0,下一次脉冲循环
    {
      s=0;
        PWM2= ~ PWM2;
    }
}
void main( void)
{  P2=0XFF;
    init( );                                 //调初始化函数
    count1=4;                                //回到 0°位置
    count2=7;                                //2 舵机的 0°初值不一样
    delay_ms(100);
    motor( );                                //2 个舵机执行 5 个转动函数
    while(1)
    {  TR1=1;
        count1=20;                           //舵机 1 回到 45°位置
        count2=20;                           //舵机 2 回到 45°位置
        delay_ms(100);
        TR1=0;
    }
}
```

分析说明：用 T1 中断来产生控制脉冲，所以定时器 T1 设置成定时器，工作方式 1，初值为 65486，计数 50 次产生中断，定时 50us，每次中断时间为 0.05ms，400 个中断刚好 20ms，高电平低电平时间也在中断中定义。

中断函数中，用 if（j< = count1）语句来判断给定的高电平的值，从而产生出一定占空比的控制脉冲，400 个中断时将 j 回 0，又重新下一个脉冲，如此反复不断产生脉冲串，两个舵机脉冲产生方法一样。改变全局变量 count1、count2 的值，2 个 PWM1、PWM2 占空比就随之改变，舵机角度也跟着变化。高电平占空为 0.5ms、1.0ms、1.5ms、2.0ms、2.5ms 分别对应舵机的 0°、45°、90°、135°、180°。

　　此程序执行的结果是：2 个舵机同时从 0°位置开始，然后同时执行转到 45°、90°、135°、180°，最后回到 45°位置，5 个动作。

　　程序中两舵机转动的角度一样，count1 和 count2 角度值会不一样的原因是 2 个舵机不相同，不是一个型号，参数不相同，如果给相同的 PWM 占空比信号脉冲，转动的角度不会相同，所以如果要转相同的角度，角度赋值就不会不相同。

6 常用传感器的应用

传感器可分为开关类传感器、数据类传感器和模拟类传感器。开关类传感器类似一个开关，输出高电平和低电平，使用简单；数据类传感器需要输出数字信号，使用较复杂；模拟类传感器需要输出电压信号，一般要经过 AD 转换后使用，是要增加硬件电路对信号进行处理。

6.1 DS18B20 温度传感器及应用编程

DS18B20（单总线）是美国 DALLAS 半导体公司生产的一线式数字温度传感器，是继 DS1820 之后新推出的一款温度传感器，具有体积小、硬件简洁成本低、抗干扰能力强、精度高的特点。与传统的热敏电阻传感器相比，它能够直接读出被测温度，并且可根据实际要求通过简单的编程实现 9~12 位的数值读取方式。9 位和 12 位的数值读取时间分别为：93.75ms 和 750ms 内完成，并且从 DS18B20 读出的信息或写入 DS18B20 的信息仅需要一根总线，即单总线读写。使用 DS18B20 可使系统结构更加简单。

DS18B20 具有 3 引脚 TO-92 小体积封装形式；温度测量为-55~+125℃，可编程为 9~12 位 A/D 转换精度，测温分辨率 0.0625℃，被测温度用符号扩展的 16 位数字量方式串行输出；其工作电源可直接 5V 供电，也可采用寄生电源方式供电；多个 DS18B20 可以并联到 3 根或 2 根线上，CPU 只需一根端口线就能与诸多 DS18B20 通信，单总线就是只有一根通信线，没有时钟线。这样占用微处理器的端口较少，可节省大量的引线和逻辑电路。以上特点使 DS18B20 非常适用于远距离多点温度检测系统。

6.1.1 DS18B20 的主要特性、引脚图

6.1.1.1 DS18B20 的主要特性

（1）工作电压宽 3.0~5.5V，在寄生电源方式下可由数据线供电。

（2）DS18B20 与微控制器之间仅需要一条线即可完成双向通信。

（3）基本不需要任何外围元件，全部传感元件及转换电路集成在外形如一只塑封三极管的电路内。

（4）温度测温-55~+125℃。

（5）测量温度分辨率为 9~12 位，对应的可分辨温度分别为 0.5℃、0.25℃、0.125℃和 0.0625℃，可实现高精度测温。

（6）转换速度快，在 9 位分辨率时，最多 93.75ms 便可把温度转换为数字，12 位分辨率时最多 750ms 便可把温度值转换为数字。

（7）可多点组网测量温度，多个 DS18B20 可以并联在唯一的三线上，实现组网多点测温。

（8）直接输出数字温度数值，以一线总线串行传送给 CPU，同时可传送 CRC 校验码。

（9）电源极性接反时，芯片不会因发热而烧毁，但不能正常工作。

6.1.1.2　DS18B20 的引脚图

DS18B20 引脚图有两种封装形式，如图 6-1 和图 6-2 所示。

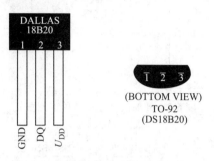

图 6-1　DS18B20 引脚图（直插式）

图 6-2　DS18B20 引脚图（8 脚贴片式）

6.1.2　DS18B20 的电源供电方式

DS18B20 的电源有外接电源供电方式和寄生电源供电方式两种供电方式。

6.1.2.1　DS18B20 的外部电源供电方式

外部电源供电方式是 DS18B20 最佳的工作方式，工作稳定可靠，抗干扰能力强，而且电路也比较简单，可以开发出稳定可靠的多点温度监控系统。站长推荐大家在开发中使用外部电源供电方式，毕竟比寄生电源方式只多接一根 U_{CC} 引线。在外接电源方式下，可以充分发挥 DS18B20 宽电源电压范围的优点，即使电源电压 U_{CC} 降到 3V 时，依然能够保证温度量精度。

在外部电源供电方式下，DS18B20 工作电源由 U_{CC} 引脚接入，其 U_{CC} 端电压为 3~5.5V 电源供电。此时 I/O 线不需要强上拉，不存在电源电流不足的问题，可以保证转换精度，同时在总线上理论可以挂接任意多个 DS18B20 传感器，组成多点测温系统。

注意：在外部供电的方式下，DS18B20 的 GND 引脚不能悬空，否则不能转换温度，读取的温度总是 85℃。

外部供电方式单点测温电路如图 6-3 所示，外部供电方式的多点测温电路如图 6-4 所示。

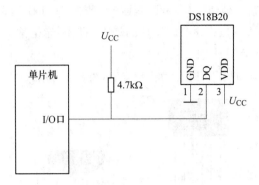

图 6-3　外部供电方式（单点测温）

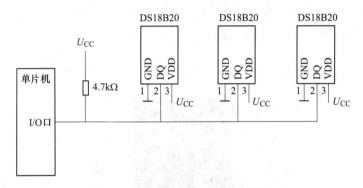

图 6-4　外部供电方式（多点测温）

6.1.2.2　DS18B20 的寄生电源供电方式

在寄生电源供电方式下，DS18B20 从单线信号线上汲取能量：在信号线 DQ 处于高电平期间把能量储存在内部电容里，在信号线处于低电平期间消耗电容上的电能工作，直到高电平到来再给寄生电源（电容）充电。

注意：在寄生电源供电方式中，DS18B20 的 VDD 引脚必须接地。

DS18B20 寄生电源供电方式电路如图 6-5 所示。

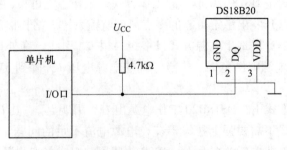

图 6-5　寄生电源供电方式

要想使 DS18B20 进行精确的温度转换，I/O 线必须保证在温度转换期间提供足够的能量，由于每个 DS18B20 在温度转换期间工作电流达到 1mA，当几个温度传感器挂在同一根 I/O 线上进行多点测温时，只靠 4.7kΩ 上拉电阻就无法提供足够的能量，会造成无法转换温度或温度误差极大。因此图 6-5 只适合单一温度传感器测温情况下使用，并且工作电源 U_{CC} 必须保证在 5V，当电源电压下降时，寄生电源能够汲取的能量也降低，会使温度误差变大。

DS18B20 寄生电源强上拉供电方式电路（改进的寄生电源供电方式）如图 6-6 所示。

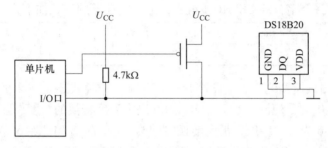

图 6-6 寄生电源强上拉供电方式

为了使 DS18B20 在动态转换周期中获得足够的电流供应，当进行温度转换时，用 MOSFET 场效应晶体管把 I/O 线直接上拉到 U_{CC} 就可提供足够的电流，在发出启动温度转换的指令后，必须在最多 $10\mu s$ 内把 I/O 线切换到强上拉状态。在强上拉方式下可以解决电流供应不足的问题，因此适合多点测温应用。

独特的寄生电源方式有三个优点：

（1）进行远距离测温时，无需本地电源；

（2）可以在没有常规电源的条件下读取 ROM；

（3）电路更加简洁，仅用一根 I/O 口实现测温。

6.1.3 DS18B20 内部存储器

DS18B20 内部存储器主要由 64 位 ROM 和 9 字节暂存器两部分组成。

6.1.3.1 64 位 ROM

ROM 中的 64 位序列号是出厂前被光刻好的，它是 DS18B20 的地址序列码，每个 DS18B20 的 64 位序列号均不相同，ROM 的作用是使每一个 DS18B20 都各不相同，是 1 个唯一的序列号。这样就可以实现一根总线上挂接多个 DS18B20。其格式如下：

8 位 CRC	48 位序列号	8 位系列码

其中，8 位 CRC 是单总线系列器件的编码，DS18B20 定义为 28H；48 位序列号是设备唯一的序列号；8 位系列码是前 56 位编码的校验码，由 CRC 发生器产生。

6.1.3.2 内部 9 个字节的存储器

字节 0-1 存储器是温度存储器，用来存储转换好的温度。这两个存储器是只读的。温度寄存器由两个字节组成，分为低 8 位和高 8 位，一共 16 位。其中，第 0 位到第 3 位，存储的是温度值的小数部分；第 4 位到第 10 位存储的是温度值的整数部分；第 11 位到第 15 位为符号位；全 0 表示是正温度，全 1 表示是负温度。

字节 2-3 存储器的上限触发 TH 高温报警器、下限触发 TL 低温报警器，是用户用来设置最高报警和最低报警值, 可通过编程进行设置。

字节 4 存储器是配置寄存器, 用来配置转换精度, 可设置为 9~12 位。

字节 5-7 存储器为保留位。

字节 8 存储器为 CRC 校验位, 是 64 位 ROM 中前 56 位编码的校验码, 由 CRC 发生器产生。

配置寄存器由一个字节的 EEPROM 组成, 配置寄存器的格式如下:

bit7	bit	bit	bit	bit	bit	bit	bit
0	R1	R0	1	1	1	1	1

其中, TM 是测试模式位, 用于设置 DS18b20 在工作模式还是在测试模式。这位在出厂时被默认设置为 0; 低 5 位一直为 1; R1、R0 决定温度转换的精度设置(即温度转换的分辨率); R1R0 = 00 为 9 位精度, 最大转换时间为 93.75ms; R1R0 = 01 为 10 位精度, 最大转换时间为 187.5ms; R1R0 = 10 为 11 位精度, 最大转换时间为 375ms; R1R0 = 11 为 12 位精度, 最大转换时间为 750ms。

注意: 未编程时默认为 12 位精度。精度值为:

(1) 9-bit: 0.5℃;

(2) 10-bit: 0.25℃;

(3) 11-bit: 0.125℃;

(4) 12-bit: 0.0625℃。

6.1.4 DS18B20 的工作过程

DS18B20 遵循单总线通信协议, 各种操作必须按协议进行, 每次测温的过程包括初始化、传送 ROM 命令、传送 RAM 命令和数据处理四个过程。

6.1.4.1 18B20 的初始化过程

单总线上的所有处理都是从初始化开始(主机发出的复位脉冲和从机发出的应答脉冲)。

主机通过拉低单总线 480~960μs 产生复位脉冲; 然后由主机释放总线, 并进入接收模式。主机释放总线时, 会产生一由低电平跳变为高电平的上升沿, 单总线器件检测到该上升沿后, 延时 15~60μs, 接着单总线器件通过拉低总线 60~240μs 来产生应答脉冲。主机接收到从机得以应答脉冲后, 说明有单总线器件在线, 到此初始化完成。然后主机就可以开始对从机进行 ROM 命令和功能命令操作。

6.1.4.2 ROM 操作命令(单片机)

主机检测到 DS18b20 在线后, 便可以发出 ROM 操作命令了。

ROM 操作命令为 DS18B20 的 ROM 操作命令, 其用途主要是用于选定在单总线上的 DS18B20。ROM 操作命令分为 5 个命令, 见表 6-1。

表 6-1   ROM 操作命令

代码	功能	说　　明
33H	读出 ROM	用于读出 DS18B20 的序列号, 即 64 位激光 ROM 代码

代码	功能	说　明
55H	匹配 ROM	用于识别（或选中）某一特定的 DS18B20 进行操作
F0H	搜索 ROM	用于确定总线上的节点数以及所有节点的序列号
CCH	跳过 ROM	当总线仅有一个 DS18B20 时，不需要匹配
ECH	报警搜索	用于鉴别和定位系统中超出程序设定的报警温度界限的节点

6.1.4.3　RAM 存储器操作命令

在执行完 ROM 操作命令后，便可以执行存储器操作命令。存储器操作命令见表 6-2。

表 6-2　存储器操作命令

代码	功　能	说　明
0x44	温度变换	启动 DS18B20 进行温度转换，12 位转换时间最长为 750ms（9 位为 93.75ms），转换结果存入内部 9 字节 RAM 中
0xBE	读寄存器	读内部 RAM 中 9 字节的内容
0x4E	写寄存器	向内部 RAM 的 2、3 字节写上、下限温度数据命令，紧跟该命令之后，是传送两个字节的数据
0x48	复制寄存器	将 RAM 的 2、3 字节内容复制到 EEPROM 中
0xB8	重新调出 EEPROM	将 EEPROM 中的内容恢复到 RAM 中的 2、3 字节
0xB4	读供电方式	寄生供电时 DS18B20 发送 0，外接供电时 DS18B20 发送 1

6.1.4.4　数据处理（读取温度值）

执行完读取温度寄存器命令后，接着读取温度低 8 位、读取温度高 8 位。

DS18B20 在实际应用中也应注意以下几方面。

（1）在对 DS18B20 进行读写编程时，必须严格地保证读写时序，否则将无法读取测温结果。

（2）在 DS18B20 的有关资料中均未提及单总线上所挂 DS18B20 数量问题，容易使人误认为可以挂任意多个 DS18B20，在实际应用中并非如此。当单总线上所挂 DS18B20 超过 8 个时，就需要解决微处理器的总线驱动问题，这一点在进行多点测温系统设计时要加以注意。

（3）连接 DS18B20 的总线电缆是有长度限制的。试验中，当采用普通信号电缆传输长度超过 50m 时，读取的测温数据将发生错误。当将总线电缆改为双绞线带屏蔽电缆时，正常通信距离可达 150m，当采用每米绞合次数更多的双绞线带屏蔽电缆时，正常通信距离进一步加长。这种情况主要是由总线分布电容使信号波形产生畸变造成的。因此，在用 DS1820 进行长距离测温系统设计时要充分考虑总线分布电容和阻抗匹配问题。

（4）单片机向 DS18B20 发出温度转换命令后，程序要等待 DS1820 的返回信号，如果硬件连接有问题，当程序读该 DS18B20 时，就不会有返回信号，程序会进入死循环，所以在进行 DS1820 硬件连接和软件设计时要注意这方面的问题。

6.1.5 DS18B20 程序应用

任务及要求：用单片机读取单总线 DS18B20 的温度值，然后在 LED 数码管上显示出来。硬件连接图如图 6-7 所示。

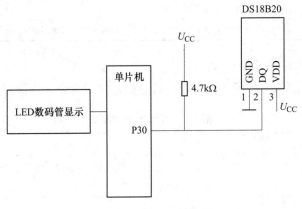

图 6-7　DS18B20 接线图

源程序如下：

```
#include <reg51.h>
#include <intrins.h>                           //包含_nop_( )延时函数
#define uchar unsigned char
#define uint unsigned int
uchar data temp_data[2] = {0x00,0x00};         //存贮温度高8位和低8位
uchar data disp_buf[5] = {0x00,0x00,0x00,0x00,0x00};
                                               //显示用存贮
uchar code tab[ ] = {0x28,0x7e,0xa2,0x62,0x74,0x61,0x21,0x7a,0x20,0x60,0xff};
                                               //0~9,熄灭段码  2000型实验箱  共阳段码表
uchar code wtab[8] = { 0x7f,0xbf,0xdf,0xef,0xf7,0xfb,0xfd,0xfe};
                                               //2000型实验箱  位码:个位、十、百、千、万、十万、百
                                               万、千万
sbit DQ = P3^0;                                //DS18B20数据端接口
sbit BEEP = P3^7;
bit flag;                                      //标志位
void delayus(uint t)                           //微秒短延时函数
{   while(t--);
}
void delayms(uint t)                           //毫秒延时函数
{   uchari,j;
    for(i=0;i<t;i++)
    for(j=0;j<124;j++);
}
void delay1(void)                              //显示用延时函数1
```

```
{   uchari;
    for(i=0;i<100;i++);
}
void delay2(void)                        //显示用延时函数2
{   uintj;
    for(j=0;j<300;j++);
}
void beep(  )                            //蜂鸣器响一声函数
{   uchar a;
    for(a=0;a<200;a++)
    {   BEEP=0;                          //蜂鸣器响
        delayms(1);
        BEEP=1;                          //关闭蜂鸣器
        delayms(1);
    }
}
bit Init_DS18B20(void)                   //初始化 ds1820 函数
    {   DQ = 1;                          //DQ 为高
        delayus(5);                      //延时
        DQ = 0;                          //DQ 为低
        delayus(600);                    //延时大于480μs
        DQ = 1;                          //拉高总线
        delayus(60);
        flag = DQ;                       //DQ 为0则初始化成功,为1则初始化失败
        delayus(600);
        DQ = 1;
        return(flag);                    //返回初始化标志,为0则存在,为1则不存在
    }
    ReadOneByte(void)                    //读一个字节函数
{   uchar i = 0;
    uchardat = 0;
    for (i = 8; i > 0; i--)
    {
    DQ = 0;                              //给脉冲信号
    dat>>= 1;
    DQ = 1;                              //给脉冲信号
    if(DQ)
    dat |= 0x80;
    delayus(60);
    }
    return (dat);
}
```

```
WriteOneByte(uchardat)                       //写一个字节函数
{   uchar i = 0;
    for (i = 8; i > 0; i--)
    {
    DQ = 0;                                  //DQ 拉低
    DQ = dat&0x01;                           //取数据最低位给 DQ 端
    delayus(60);
    DQ = 1;                                  //DQ 拉高
    dat>>=1;
    }
}
RedTemp(void)                                //读取温度值函数
{   uchar i;
    Init_DS18B20( );                         //DS18B20 初始化
    if(flag==0)                              //初始化正常,flag 为 0
    {
    WriteOneByte(0xCC);                      //跳过读序号列号
    WriteOneByte(0x44);                      //启动温度转换
    for(i=0;i<50;i++)                        //循环 50 次显示函数,延时和显示
    {
    display(uint k);                         //执行显示函数加延时功能,等待转换
    delay_ms(1);                             //延时时间根据分辨率,12 位时需延时 750ms 以上
    }
        Init_DS18B20( );                     //DS18B20 初始化
        WriteOneByte(0xCC);                  //跳过读序号列号的操作
        WriteOneByte(0xBE);                  //读取温度寄存器
        temp_data[0] = ReadOneByte( );       //温度低 8 位
        temp_data[1] = ReadOneByte( );       //温度高 8 位
    }
else   beep( );                              //若 DS18B20 不正常,蜂鸣响
}
void Tempzhuan ( )                           //温度数据转换函数,将读取的温度值高 8 位和低 8 位
                                             //转换成 LED 数码管显示的各个位
{   uchar temp;                              //定义温度数据变量
    temp=temp_data[0]&0x0f;                  //取低 4 位的小数
    disp_buf[0] = (temp * 10/16);            //disp_buf[0]为小数位
    temp=((temp_data[0]&0xf0)>>4)|((temp_data[1]&0x0f)<<4);
                                             //temp_data[0]高 4 位与 temp_data[1]低 4 位组合成 1 字
                                             节整数
    disp_buf[3] =temp/100;                   //分离出百位        disp_buf[3]为百位
    temp=temp%100;
    disp_buf[2] =temp/10;                    //分离出十位        disp_buf[2]为十位
```

```
    disp_buf[1]=temp%10;                    //分离出个位  disp_buf[1]为个位
    if(! disp_buf[3])                       //若百位为0时,熄灭百位
    {
    disp_buf[3]=10;                         //10为段码tab[10],段码全部为高电平,熄灭
    if(! disp_buf[2])                       //若十位为0,熄灭十位
    disp_buf[2]=10;
    }
}
void display(void)                          //显示函数  2000实验箱显示函数
{ P2=0xf7;                                  //位码   千位
  P0=tab[10];                               //千位值
  delay2( );                                //延时
  P0=0xff;
  delay1( );
  P2=0xef;                                  //位码    百位
  P0=tab[disp_buf[3]];                      //百位值
  delay2( );                                //延时
  P0=0xff;                                  //段消隐
  delay1( );
  P2=0xdf;                                  //位码    十位
  P0=tab[disp_buf[2]];                      //十位值
  delay2( );
  P0=0xff;                                  //段消隐
  delay1( );
  P2=0xbf;                                  //位码    个位
  P0=tab[disp_buf[1]];                      //个位值
  delay2( );
  P0=0xff;                                  //段消隐
  delay1( );
  P2=0x7f;                                  //位码    小数位
  P0=tab[disp_buf[0]];                      //小数位值
  delay2( );
  P0=0xff;                                  //段消隐
  delay1( );
}
void main(void)
{  while(1)
   {  RedTemp( );                           //读取温度,低8位值,高8位值
      Tempzhuan( );                         //温度值转换函数(温度值高8位和低8位转换成数码管
                                            //  显示的各个位)
      display( );                           //显示函数
   }
}
```

分析说明：DS18B20 的驱动程序由 18B20 初始化函数、读一个字节函数、写一个字节函数、读取温度值函数和温度数据转换函数五个函数组成。

DS18B20 读取温度值的过程分为两个阶段：

（1）DS18B20 初始化→跳过读序号列号命令（0xcc）→启动温度转换命令（0x44）；

（2）DS18B20 初始化→跳过读序号列号命令（0xcc）→读取温度寄存器命令（0xbe）→读取温度低 8 位→读取温度高 8 位。

最后，通过温度数据转换函数，将读取的温度值高 8 位和低 8 位，转换成 LED 数码管显示的各个显示位，在 LED 数码管上显示出温度值。

6.2　DHT11 温湿度传感器及应用编程

DHT11 是一款数字温度、湿度传感器，内部有已经校准的数字信号输出的温湿度复合传感器。它应用专用的数字模块采集技术和温湿度传感技术，确保产品具有很高的可靠性、稳定性。传感器包括一个电阻式感湿元件和一个 NTC 测温元件，并与一个高性能 8 位单片机相连接，使用单总线串行接口，只需一个 I/O 口就可实现对温度和湿度的测量，其信号传输距离可达 20m 以上，使系统变得简易方便。因此，其具有体积小、功耗低、响应快、抗干扰能力强、可靠稳定、性价比高、使用简单方便等优点。产品外形封装为 4 针单排引脚。其中，DHT11 为单总线，SHT11 为 I^{2}C 总线。

DHT11 外形图如图 6-8 所示。

图 6-8　DHT11 外形图

DHT11 引脚说明（单总线）：

（1）U_{DD}：电源输入 3.3~5.5V；

（2）DATA：串行数据；

（3）NC 空：空脚；

（4）GND：地。

SHT11 外形如图 6-9 所示。

SHT11 引脚说明（I^{2}C 总线）：

（1）GND：地；

（2）DATA：I^{2}C 双向串行数据；

（3）SCK：I^{2}C 串行时钟输入；

（4）U_{DD}：电源输入 2.4~5.5V。

DHT11 参数如下：

（1）电压：3.3~5.5V DC；

（2）输出：单总线数字信号；

（3）电流：0.5~2.5mA（测量），100~150μA（待机）；

（4）测量范围：湿度 20%~90%RH，温度 0~50℃；

（5）测量精度：湿度±5%RH，温度±2℃；

（6）分辨率：湿度 1%RH，温度 1℃。

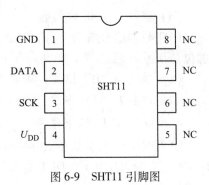

图 6-9　SHT11 引脚图

注意：

（1）DHT11（单总线）和 SHT11（I^{2}C 总线）虽然都是温度和湿度传感器，但使用完全不同；

（2）DATA 数据线连接时，连线长度短于 20m 时用 5K 上拉电阻，大于 20m 时根据实际情况使用合适的上拉电阻（如购买的成品模块，模块上已含有上拉电阻），DATA 信号线质量会影响通信距离和通信质量，建议使用高质量屏蔽线。

6.2.1　DHT11 的数据格式、校验算法、通信协议

DHT11 的数据格式（40 位数据：5 个 8bit 数据）：

湿度整数数据 + 湿度小数数据 + 温度整数数据 + 温度小数数据 + 校验数据　　（6-1）

DHT11 的校验算法（检验读出的数据是否正确）：

$$8 位校验码的值 = 读出的四个字节相加之和的低 8 位 \qquad (6-2)$$

DHT11 通信协议（DHT11 是通过单总线与微控制器通信，只需要一根线，一次传送 40 位数据，高位先出）：微控制器（单片机）与 DHT11 通信约定（主从结构），单片机作为主机，DHT11 为从机。只有主机呼叫从机，从机才能应答。

详细流程：单片机（主机）发送起始信号→从机 DHT 发送响应信号→DHT 通知主机准备接收信号→DHT 发送准备好的 40 位数据，主机读取数据→DHT 结束信号→DHT 内部重测环境温湿度数据并记录数据等待下一次主机的起始信号。

单片机（主机）与 DHT11（从机）的通信过程分为以下阶段。

6.2.1.1　（主机）起始信号

（1）主机将 DATA 引脚置为高电平。

（2）主机再将 DATA 为置低电平，持续时间大于 18ms，此时从机 DHT 检测到后从低功耗模式变为高速模式，然后主机等待 DATA 引脚变为高电平。

（3）从机把 DATA 从低电平变为高电平，完成一次起始信号。

6.2.1.2　（从机）THD 响应信号、准备信号

注意：主机开始信号结束后，DHT11 发送响应信号，送出 40bit 的数据。

（1）DHT 输出 80μs 低电平，作为应答信号。

（2）DHT 输出 80μs 高电平，通知微处理器准备接收数据。

（3）连续发送 40 位数据。

DHT 数据信号格式（每 1bit 数据都以 50μs 低电平时隙开始，高电平的长短决定了数据位是 0 还是 1）：

（1）数据为"0"格式：50μs 的低电平 + 26~28μs 的高电平；

（2）数据为"1"格式：50μs 的低电平 + 70μs 的高电平。

6.2.1.3　DHT 结束信号：

DHT 的 DATA 引脚输出 40 位数据后，继续输出低电平 50μs 后，转为输入状态，DATA 随之变为高电平。DHT 内部开始重测环境温湿度数据，并存贮数据，等待下一次的起始信号。

注意：

（1）总线空闲状态为高电平，主机把总线拉低等待 DHT11 响应，主机把总线拉低的时间必须大于 18ms，保证 DHT11 能检测到起始信号。

（2）DHT11 接收到主机的开始信号后，等待主机开始信号结束，然后发送 80μs 低电平响应信号。

（3）主机发送开始信号结束后，延时等待 20~40μs 后，读取 DHT11 的响应信号，如果读取总线为低电平，说明 DHT11 发送了响应信号，DHT11 发送响应信号后，再把总线拉高 80μs，准备发送数据。如果读取响应信号为高电平，说明 DHT11 没有响应，应检查存在的问题。

（4）如果 DHT11 没有接收到主机发送的开始信号，DHT11 不会主动进行温湿度采集，DHT11 采集数据后转换到低速模式。

6.2.2　DHT11 程序应用

任务及要求：读出 DHT11 的温度、湿度值，在 LCD602 液晶上显示出来。

硬件连接图如图 6-10 所示。

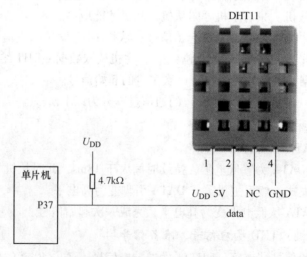

图 6-10　DHT11 硬件连接图

源程序如下：

```c
#include <reg52.h>              //头文件包含
#include <intrins.h>            //_nop_( )
#define uchar unsigned char
#define uint unsigned int
sbit DHT11_data = P3^7;         //温湿度传感器DHT11数据接入
uchar WenDu,ShiDu;              //温度、湿度
uchar RH,RL,TH,TL;             //温度和湿度,高8位低8位
void delayus(uint t);          //函数说明
void delayms(uint t);
uchar ReadByte(void);
void ReadData(   );
void delayus(uint t)           //微秒短延时函数
{   while(t--);
}
void delayms(uint t)           //毫秒延时函数
{   uchari,j;
    for(i=0;i<t;i++)
    for(j=0;j<124;j++);
}
uchar ReadByte(void)           //读取一个字节
{   bit DHT11_bit;
    uchar j;
    uchar dat=0;
    for(j=0;j<8;j++)
    {   while(! DHT11_data);   //低电平等待
        delayus (30);          //延时
        if(DHT11_data ==1)     //判断数据端电平
        {
        DHT11_bit=1;
        while(DHT11_data);
        }
        else
        {
        DHT11_bit=0;
        }
        dat<<=1;               //dat左移一位
        dat|=DHT11_bit;
    }
return(dat);                   //返回dat
}
```

```c
void ReadData( )                              //读取 DHT11 的一帧数据,湿高、湿低(0)、温高、低
                                                 温(0)、校验码
{   uchar WenDu_H;                             //温度高 8 位
    uchar WenDu_L;                             //温度低 8 位
    uchar ShiDu_H;                             //湿度高 8 位
    uchar ShiDu_L;                             //湿度低 8 位
    uchar check;                               //校验字节
    DHT11_data =0;                             //数据端为低电平
    delayms(20);                               //低电平保持 20ms
    DHT11_data =1;                             //数据端为高电平
    delayus(30);
    while(! DHT11_data);                       //低电平等待
    while(DHT11_data);                         //高电平等待
                                               //数据端从高电平变低电平时,开始读取 5 个数据
    ShiDu_H = ReadByte( );                     //湿度高 8 位
    ShiDu_L = ReadByte( );                     //湿度低 8 位
    WenDu_H = ReadByte( );                     //温度高 8 位
    WenDu_L = ReadByte( );                     //温度低 8 位
    check= ReadByte( );                        //8 位校验码
    while(! DHT11_data);                       //低电平等待
    DHT11_data =1;                             //拉高总线
    if(check = =HumiHig + HumiLow + TemHig + TemLow)
                                               //判断收到的数据是否正确,如正确,重新赋一次值
                                               //检验读出的数据是否正确:8 位校验码 check 的值要
                                                  等于读出的 四个字节相加之和的低 8 位
    {   TH= WenDu_H;                           //温度重新赋值
        TL= WenDu_L;
        RH= ShiDu_H;                           //湿度重新赋值
        RL= ShiDu_L;
    }
}
void main( )                                   //主函数
{   uchar i;
    while(1)
    {   ReadData( );                           //读取温湿度值
        /*
        LCD1602 液晶显示驱动程序省略,可参考"第 4 章液晶驱动程序"包含进来。
        LCD_display(1,5,TH/10+0x30);           //温度在第一行的第 5、6 列显示
        LCD_display(1,6,TH%10+0x30);
        LCD_display(2,5,RH/10+0x30);           //湿度在第二行的第 5、6 列显示
        LCD_display(2,6,RH%10+0x30);
        */
    }
}
```

分析说明：温湿度传感器的驱动程序主要是读取一个字节函数和读取 DHT11 的一帧数据函数两个函数。

读取 5 个值的过程是：单片机（主机）发送起始信号→从机 DHT 发送响应信号→DHT 通知主机准备接收信号→DHT 发送准备好的 5 个字节数据（40 位数据）→主机读取数据→DHT 结束信号→DHT 内部重测环境温湿度数据并记录数据等待下一次主机的起始信号。

"读取 DHT11 的一帧数据函数"执行完后，最后得到以下 4 个字节的温度、湿度值。

```
TH= WenDu_H;        //温度高 8 位
TL= WenDu_L;        //温度低 8 位
RH= ShiDu_H;        //湿度高 8 位
RL= ShiDu_L;        //湿度低 8 位
```

最后温度、湿度值传递到 LCD1602 显示：本例采用 LCD1602 液晶显示，LCD1602 的驱动程序已省略，可参考第 4 章的液晶驱动程序加入到本程序，显示 DHT11 的温度、湿度值。

液晶的显示位置如下面所示：

```
write_com(0x80+L);       //第 1 行第 L 列开始显示
write_com(0x80+0x40+L);  //第 2 行第 L 列开始显示
```

0x80 为第一行，0x80+0x40 为第二行，参数 L 为列的位置。

6.3　超声波传感模块

6.3.1　超声波传感器工作原理

人们可以听到的声音的频率为 20~20000Hz，超出此频率范围的声音，20Hz 以下的声波称为低频声波，20000Hz 以上的声波称为超声波。超声波可以在气体、液体及固体中传播，各种介质中传播的速度各不相同。超声波有折射和反射现象，并且在传播过程中有衰减。

超声波方向性好，穿透能力强，易于获得较集中的声能。在空气中传播超声波，其频率较低，一般为几十千赫兹，而在固体、液体中传播则频率较高。在空气中衰减较快，而在液体及固体中传播，衰减较小，传播较远。在水中传播距离远。利用超声波的特性，可做成各种超声传感器，配上不同的电路，制成各种超声测量仪器及装置，可用于测距、测速、清洗、焊接、碎石、杀菌消毒等，并在通信、医疗、家电、军事、工业、农业等各方面得到广泛应用。

超声波发生器可以分为电气方式和机械方式两大类。电气方式用电气方式产生超声波，包括压电型、磁致伸缩型和电动型等；机械方式用机械方式产生超声波（应用较少），有加尔统笛、液哨和气流旋笛等。它们所产生的超声波的频率、功率和声波特性各不相同，因而用途也各不相同。目前较为常用的是压电式超声波发生器。

压电式超声波发生方式实际上是利用压电晶体的谐振来工作的，它有两个压电晶片和一个共振板。当它的两极外加脉冲信号，其频率等于压电晶片的固有振荡频率时，压电晶片将会发生共振，并带动共振板振动，从而产生超声波；反之，如果两电极间未外加电压，当共振板接收到超声波时，将压迫压电晶片作振动，将机械能转换为电信号，这时它就成为超声波接收器了。

超声波探头主要由双压电晶片振子、圆锥共振板和电极等部分组成，既可以发射超声波，也可以接收超声波，如果采用双探头，一个探头为发射、一个探头为接收。

超声波为直线传播，频率越高，绕射能力越弱，但反射能力越强，为此，利用超声波的这种性质就可以制成超声波传感器。另外，超声波在空气中的传播速度较慢，这就使得超声波传感器的使用变得简单。

由于超声波也是一种声波，其声速与温度有关，表 6-3 列出了几种不同温度下的声速。在使用时，如果温度变化不大，则可认为声速是基本相等的。如果测距精度要求很高，则应通过温度补偿的方法加以校正。

表 6-3　声波在空气中的传播速度表

温度/℃	−30	−20	−10	0	10	20	30	40
声速/m·s^{-1}	313	319	325	331	337	343	349	355

声波在空气中的传播速度计算公式为：

$$v = 331 + 0.6T \tag{6-3}$$

式中　v——声波在空气中的传播速度；

　　　T——温度。

例如，30℃时的传播速度为：$v = 331 + 0.6 \times 30 = 349\text{m/s}$。

6.3.2　HC-SR04 超声波模块

HC-SR04 模块实物外形如图 6-11 所示。

图 6-11　HC-SR04（超声波模块）

HC-SR04 模块原理图如图 6-12 所示。

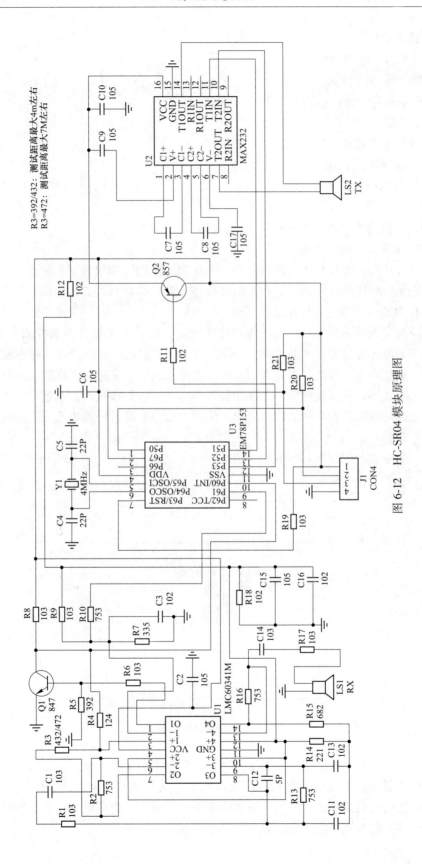

图 6-12 HC-SR04 模块原理图

接线方式如下：

（1）U_{CC}：电源+5V；

（2）Trig：（控制端）；

（3）Echo：（接收端）；

（4）GND：地。

主要技术参数如下：

（1）使用电压：DC-5V；

（2）静态电流：小于 2mA；

（3）感应角度：不大于 15°；

（4）探测距离：2~450cm；

（5）精度：可达 0.2cm。

HC-SR04 超声波模块工作原理：HC-SR04 超声波测距模块包括发射头、接收头与控制电路。它是一种压电式传感器，在压电材料切片上（如用石英晶体、压电陶瓷、钛酸铅钡等）制作而成，利用电致伸缩现象工作。

超声波发射头是在压电晶片上施加交变电压，使它产生电致伸缩振动而产生超声波，当外加交变电压的频率等于晶片的固有频率时，产生共振，这时产生的超声波最强。

压电式超声波接收器一般是利用超声波发生器的逆效应进行工作的，其结构和超声波发生器基本相同，有时就用同一个换能器来兼作发生器和接收器。当超声波作用到压电晶片上时使晶片伸缩，在晶片的两个界面上便产生交变电荷后转换成电压，经放大电路后送到测量电路处理。

HC-SR04 测距时序图如图 6-13 所示。

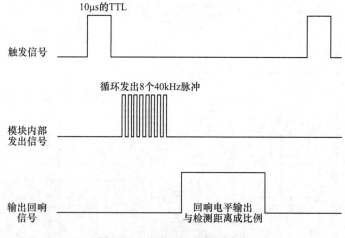

图 6-13　HC-SR04 测距时序图

超声波传感器工作过程：发射电路产生频率为 40kHz 的方波，经过发射驱动电路，使超声波传感器发射端振荡，发射超声波。超声波遇到障碍反射回来，由传感器接收端接收，再经过接收电路放大、整形。最后从 ECHO 端输出一个高电平，这个高电平的时间就是超声波从发射到返回的运行时间。

6.3.3 超声波传感器的工作过程

（1）单片机给 Trig 控制端一个脉冲来启动超声波模块，脉冲为至少 $10\mu s$ 的高电平信号。

（2）超声波模块自动发送 8 个 40kHz 的方波。

（3）接收头自动检测是否有超声波信号返回，如果有信号返回，ECHO 端口输出一个高电平脉冲回响信号，高电平持续的时间就是超声波从发射到返回的时间。

计算距离的计算公式为：

$$距离 = \frac{高电平时间 \times 声速(340m/s)}{2}$$

单片机程序中高电平时间的测量、计算方法（在单片机程序中实现）为：

（1）判断法，用一个定时器来进行计数，计数的开始从 ECHO 端口的脉冲变为高电平开始，脉冲从高电平变为低电平时，读取定时器的计数值。

（2）中断法，用一个定时器来进行计数，计数的开始从 ECHO 端口的脉冲变为高电平开始，脉冲从高电平变为低电平时，产生外部中断，在中断函数中读取定时器的计数值。

注意：计数值乘机器周期时间，就是超声波从发射到返回的运行时间。

6.3.4 超声波程序应用编程

6.3.4.1 判断法

任务及要求：用超声波模块测距，程序用判断法，测量出的距离值在 LED 数码管上显示。

硬件连接图如图 6-14 所示。

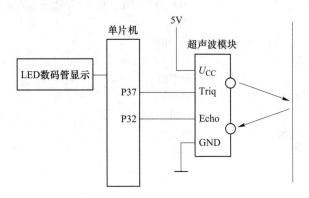

图 6-14 超声波模块测距接线图

源程序如下：

```
#include <reg52. h>          //包含头文件
#include <intrins. h>
#define uchar unsigned char   //宏定义  变量范围 0~255
#define uint   unsigned int   //宏定义  变量范围 0~65535
sbit send = P3^7;            //超声波发射端
```

```c
sbit recive = P3^2;                        //超声波接收端
long jl;                                    //距离
uchar flag;                                 //测量范围标志
uint T0data;                                //定时器0的计数值
unsigned char tab[  ]={0x28,0x7e,0xa2,0x62,0x74,0x61,0x21,0x7a,0x20,0x60};
                                            //2000型实验箱  共阳段码
void delayms(uint t)                        //毫秒级延时函数
{  uchari,j;
   for(i=0;i<t;i++)
     for(j=0;j<124;j++);
}
void delay(  )                              //10μs延时函数
{  _nop_(  ); _nop_(  ); _nop_(  ); _nop_(  ); _nop_(  );
   _nop_(  ); _nop_(  ); _nop_(  ); _nop_(  ); _nop_(  );
                                            //执行1条_nop_(  )指令延时1μs
}
void delay1(void)                           //延时1函数
{  int k;
   for(k=0;k<100;k++);
}
void delay2(void)                           //延时2函数
{  int k;
   for(k=0;k<300;k++);
}
void display(uint k)                        //2000型实验箱  用显示函数
{  P2=0xef;                                 //位码  千位
   P0=tab[k/1000];                          //千位值
   delay2(  );                              //延时
   P0=0xff;                                 //段消隐
   delay1(  );                              //延时
   P2=0xdf;                                 //位码  百位
   P0=tab[k%1000/100];                      //百位值
   delay2(  );
   P0=0xff;
   delay1(  );
   P2=0xbf;                                 //位码  十位
   P0=tab[k%100/10];                        //十位值
   delay2(  );
   P0=0xff;
   delay1(  );
   P2=0x7f;                                 //位码  个位
   P0=tab[k%10];                            //个位值
   delay2(  );
```

```
        P0 = 0xff;
        delay1(   );
}
void ceaji(   )                          //超声波测距函数
{   send = 1;                            //产生10μs的高电平触发脉冲
    delay(   );
    send = 0;
    TH0 = 0;                             //定时器0回零
    TL0 = 0;
    TR0 = 0;                             //关定时器T0
    while(! recive);                     //当recive为零时等待,为1时往下执行
    TR0 = 1;
    while(recive)                        //当recive为1时,循环读取计数值,为0时跳到下面转换计
                                         //  数值

    {
    T0data = TH0 * 256 + TL0;            //取计数值
    if((T0data > 30000))                 //超40000时(5.1m),执行下面程序段
    {   TR0 = 0;
        flag = 2;                        //测量标志为2
        T0data = 888;                    //显示888
        break ;
    }
    else
    {
    flag = 1;                            //测量标志为1
    }
    }
if(flag == 1)                            //recive为0时(测量标志为1)跳到这里转换计数值
{   TR0 = 0;                             //停止定时器0
    jl = T0data;                         //将计数值赋给jl
        jl *= 0.017;                     //计数值jl转换成距离厘米(距离=速度×时间)
        if((jl > 500))                   //大于500cm时
        {
        jl = 888;                        //显示888
        }
    }
}
void main(   )                           //主函数
{   TMOD = 0X01;                         //定时器0、工作方式1
    TR0 = 1;                             //启动定时器0
    ceaji(   );                          //测距函数
    while(1)
```

```
    {
    ceaji(  );                    //调用测距函数
    display(jl);                   //调用显示函数
    }
}
```

分析说明：判断法是通过判断 recive 端口从高电平变低电平时，读取 T0 的计数值。

判断法超声波测距的原理：首先单片机给发送端 send 一个脉冲，等待 send 返回端变高电平时，执行 TR0＝1 启动定时器开始计数。当 recive 为 1 时，循环读取计数值，为 0 时跳到下面程序段，取出定时器的计数值，并将计数值 jl 转换成距离厘米，时间（T）乘以声速（300m/s），就等于距离。

超声波测距模块发射头，发送声波时，recive 端由低电平变为高电平，超声波测距模块接收头收到反射回来的声波时，recive 端由高电平变为低电平。recive 端返回的高电平脉冲就代表了超声波传播的时间。

定时计数器 T0 作定时器用，工作方式为 1，计数器的启动时间为 recive 端返回脉冲由低变高时开始。在超声波测距函数 ceaji( ) 中，用"while(！recive);"，当 recive 为零时等待，为 1 时往下执行。又执行"while(recive)"，当 recive 为 1 时，循环读取计数值，为 0 时跳到下面的程序段取出计数值，并转换计数值为距离。

程序执行的过程和结果：主函数不断调用超声波测距函数 ceaji( )，得到全局变量 jl 的实时的距离值，此值传递到 LED 数码管显示函数，就显示出 jl 距离值。

6.3.4.2　中断法

任务及要求：用超声波模块测距，程序用中断法，测量出的距离值在 LED 数码管上显示。

硬件连接图如图 6-15 所示。

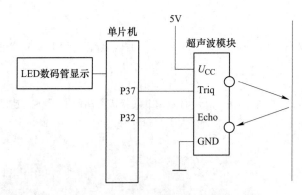

图 6-15　超声波模块测距接线图

源程序如下：

```
#include <reg52. h>
#define uchar unsigned char
#define uint unsigned int
sbit Trig = P3^7;                    //超声波发送端
```

```
sbit Echo = P3^2;                    //超声波回波端,接外部中断 0
uint JL;                             //距离
uchar outcomeH,outcomeL;             //全局变量
bit   flag;                          //测量成功标志
void ceaji(  );                      //函数声明
void delayus(uintt);
void delayms(uintt);
void delay1(void);
void delay2(void);
void display(uint k);
unsigned char tab[    ] = {0x28,0x7e,0xa2,0x62,0x74,0x61,0x21,0x7a,0x20,0x60};
                                     //2000 型实验箱   共阳段码
void delayus(uintt)                  //微秒级延时函数
{   while(t--);
}
void delayms(uint t)                 //毫秒级延时函数
{   uchari,j;
    for(i=0;i<t;i++)
    for(j=0;j<124;j++);
}
void init(  )                        //初始化函数
{   Trig=0;
    TMOD = 0x01;                     //T0 定时器,工作方式 1
    TH0 = 0x00;                      //T0 计数寄存器回 0
    TL0 = 0x00;
    TR0 = 0;                         //停止 T0
    EA = 1;                          //开总中断
    EX0 = 1;                         //开外部中断
    PX0 = 1;                         //外部 0 设置为高优先级
}
void ceaji (  )                      //超声波测距函数
{   uint T0data;
    EA = 0;                          //关总中断
    Trig = 1;                        //在 Trig 发送端产生一个 15μs 的脉冲
    Delayus(15);
    Trig = 0;
    while(Echo==0);                  //为 0 时等待,直到回波 Echo 端变高电平,才住下执行启动定时
                                     //  器开始计数,回波从高电平变低电平时,执行中断,在中断函
                                     //  数中读出计数值
    flag=0;                          //清测量成功标志
    TH0=0;                           //定时器 0 清零
    TL0=0;
```

```
    TR0 = 1;                        //启动定时器 0,开始计数
    EA = 1;                         //开总中断
    EX0 = 1;                        //打开外部中断 0
    delayms(15);                    //延时 15ms,外部中断 0 在这个期间被执行,随后才再往下执行
    EX0 = 0;                        //关外部中断
    TR0 = 0;
    if(flag == 1)                   //执行完中断函数,flag 会变 1,才往下处理数据
{   T0data = outcomeH;              //计数器高 8 位
    T0data<<= 8;                    //高 8 位左移 8 位,变为 16 位的高 8 位
    T0data = T0data | outcomeL;     //高 8 位与低 8 位相或,合并成为 16 位数据
    T0data = T0data * 0.017;        //16 位计时数据转换为距离
}
  JL = T0data;                      //距离值赋给 JL
}
void delay1(void)                   //延时 1 函数
{   int k;
    for(k = 0;k<100;k++);
}
void delay2(void)                   //延时 2 函数
{
int k;
for(k = 0;k<300;k++);
}
void display(uint k)                //2000 型实验箱　用显示函数
{   P2 = 0xef;                      //位码　千位
    P0 = tab[k/1000];               //千位值
    delay2(   );                    //延时
    P0 = 0xff;                      //段消隐
    delay1(   );
    P2 = 0xdf;                      //位码　百位
    P0 = tab[k%1000/100];           //百位值
    delay2(   );
    P0 = 0xff;                      //段消隐
    delay1(   );
    P2 = 0xbf;                      //位码　十位
    P0 = tab[k%100/10];             //十位值
    delay2(   );
    P0 = 0xff;
    delay1(   );
    P2 = 0x7f;                      //位码　个位
    P0 = tab[k%10];                 //个位值
    delay2(   );
```

```
        P0 = 0xff;
        delay1(  );
    }
    EXIN(  ) interrupt 0              //外部中断0,回波从高电平变低电平时执行,并读出计数值
    {   outcomeH = TH0;              //取出定时器高8位的值
        outcomeL = TL0;              //取出定时器低8位的值
        flag = 1;                    //标志位变1,表示测量回波正常,中断被执行
        EX0 = 0;                     //关闭外部中断
        TR0 = 0;                     //停止定时器0
    }
    void main(void)
    {   init(  );                    //初始化
        while(1)
        {   ceaji(  );               //测距,得 DJ 距离值
            display(JL);             //LED 数码管显示函数显示出 DJ 距离值
        }
    }
```

分析说明:中断法是用外部中断函数 0(Echo 端从高变低)读取定时器 T0 的计数值。

中断法超声波测距的原理:首先单片机给发送端 Trig 一个脉冲,等待 Echo 返回端变高电平时,定时器开始计数。Echo 端又由高电平变低电平时,产生外部中断,中断函数读取定时器的计数值。Echo 返回端返回的高电平脉冲就代表了超声波运行的时间。时间(T)乘以声速(300m/s),就等于距离。

超声波测距模块发射头,发送声波时,Echo 端由低电平变为高电平,超声波测距模块接收头收到反射回来的声波时,Echo 端由高电平变为低电平。所以 Echo 端返回的高电平脉冲就代表了超声波传播的时间。

定时计数器 T0 作定时器用,工作方式为 1,计数器的启动时间为 Echo 端返回脉冲由低变高时开始。在超声波测距函数 ceaji( )中,用"while(Echo == 0);""TR0 = 1;"判断开始。停止时间为返回脉冲由高低变时读取计数值,由外部中断函数读取定时器的计数值。

程序执行的过程和结果是:主函数不断调用超声波测距函数 ceaji( ),得到全局变量 JL 的实时距离值,此值传递到 LED 数码管显示函数,就显示出 JL 距离值。

6.4 压力传感模块

6.4.1 压力传感器的分类

6.4.1.1 电阻应变式压力传感器

电阻应变式压力传感器的工作原理是:被测的动态压力作用在弹性敏感元件上,使它产生变形,在其变形的部位粘贴有电阻应变片,电阻应变片感受动态压力的变化,按这种原理设计的传感器称为电阻应变式压力传感器。

6.4.1.2　压阻式压力传感器

压阻式压力传感器的工作原理是：压阻式压力传感器是由平面应变传感器发展起来的一种新型压力传感器，它以硅片作为弹性敏感元件，在该膜片上用集成电路扩散工艺制成4个等值导体电阻，组成惠斯登电桥，当膜片受力后、由于半导体的压阻效应．电阻值发生变化，使电桥输出测得的压力值，利用这种方法制成的压力传感器称为压阻式压力传感器。

6.4.1.3　压电式压力传感器

压电式压力传感器是利用压电材料的压电效应，将压力转换为相应的电信号。经放大器处理得到被测的动态压力参数。用这种压电材料制成的传感器叫压电式压力传感器。

6.4.2　压力传感器应用编程

任务及要求：用一个压力传感器与单片机连接，通过单片机读取压力传感器上被测物体的重量，然后在显示器上显示出来。

小型电子秤所用的 HX711 压力传感器模块外形图如图 6-16 所示。

图 6-16　压力传感器实物图

模块引脚说明：

（1）U_{CC}：电源+5V；

（2）SCK：时钟信号；

（3）DT：数据信号；

（4）GND：地。

源程序如下：

```
#include <reg52. h>                      //包含头文件
#include <intrins. h>
#define uchar unsigned char              //宏定义
#define uint unsigned int                //宏定义
#define ulong unsigned long
ulong Pdata = 0;
long weight = 0;
sbit DT = P2^1;                          //HX711 数据端口
```

```
sbit SCK=P2^0;                          //HX711 时钟端口
#define Sdata 400                       //校准参数,如果称量出的重量有误差,可增加或减小
                                          该参数

void delayus(uint t)                    //微秒级延时函数
{   while(t--);
}
void delayms(uint t)                    //毫秒级延时函数
{   uchar i,j;
    for(i=0;i<t;i++)
    for(j=0;j<124;j++);
}
ulong HX711_Read(void)                  //读取 HX711 重量函数
{   ulong count;                        //定义 count 为无符号长整型变量
    uchar i;
    DT=1;
    delayus (7);
    SCK=0;
    count=0;
    while(DT);
    for(i=0;i<24;i++)
        {   SCK=1;                      //SCK 高
            count=count<<1;
            SCK=0;                      //SCK 低,产生一个脉冲,一共产生 24 个
            if(DT)
            count++;
        }
    SCK=1;                              //SCK 高,第 25 个脉冲
    count=count^0x800000;              //转换数据
    delayus (7);
    SCK=0;                              //SCK 低
    return(count);
}
void weight(   )                        //称重函数
{   weight = HX711_Read(   );
    weight = weight - Pdata;            //获取净重
    if( weight > 0)
    {
        weight = (uint)((float) weight /Sdata); //计算实物的实际重量进行校正
    }
    else
    {
        weight = 0;
```

```
        }
    }
    void maopi(   )                          //获取毛皮重量
    {
      Pdata = HX711_Read(   );
    }
    void main(   )                           //主函数
    {   maopi(   );                          //称毛皮重量
        delayms（1000）;                      //延时 1s
        maopi(   );                          //称毛皮重量
        while(1)
        {
           weight(   );                      //称重函数
           display( weight);                 //调显示函数显示当前重量,显示驱动程序已省略
        }
    }
```

    分析说明：程序中，Weight 为被测物体重量，Pdata 为称量前的皮重，Sdata 为校准参数。

    电子秤通电开机，首先执行获取毛皮重量函数，然后在主函数中的 while(1) 时为断调用称重函数。称重函数中要把读取的重量减去毛皮重量，得到实重，然后用 Sdata 校准参数对实重进行校正，得到准确的实物重量，再把重量值传递到显示函数中显示出被测物体的重量。

    程序中关键的函数是 HX711_Read(void) 函数，是读取 HX711 重量的函数，函数中"for(i=0;i<24;i++)"循环 24 次，逐位读取重量值。

7 单片机常用通信模块及应用

按同时传输数据的位数来分类，通信技术可分为并行通信和串行通信。并行通信的数据的各位同时进行传输，有多少位数据就有多少根数据线，传输速度快；串行通信的数据按位顺序传送，只用一根数据线。

按通信距离分类，通信技术可分为系统内通信［单总线（1-wire）、I^2C 总线、SPI 总线］、近距离通信（RS-232 总线、RS-485 总线、RS-422 总线、CAN 总线、NRF905 无线通信模块、NRF24L01 无线通信模块）和远距离通信（GSM 无线通信模块、GPRS 无线通信模块）。

串行通信分类（按照时钟信号是否独立）可分为异步通信和同步通信。异步通信的接收器和发送器使用各自的时钟，非同步，异步通信采用固定的通信格式，数据以相同的帧格式传送，每一帧由起始位、数据位、奇偶校验位、停止位组成，通信双方各自约定速率（波特率 bit/s），确保接收的信息不出错，异步通信是我们最常采用的通信方式；同步通信的通信双方共用一个时钟，通信双方靠一条时钟线约定速率，这是同步通信与异步通信的最主要区别。

单片机常用的通信技术见表 7-1。

表 7-1　单片机常用的通信技术

RS-232 通信	3 线方式（RXD、TXD、GND）
RS-422 通信	4 线方式（TXD+、TXD-、RXD+、RX-）
RS-485 通信	2 线方式（A、B）
单总线（1-wire）	采用单根信号线，既传输时钟又传输数据，且数据传输是双向的，如单总线器件 DS18B20
I^2C 总线	用同步串行 2 线方式进行通信（1 条时钟线、1 条数据线），如 I^2C 器件 AT24C01
I^2S 总线	3 线制音频串行总线（1 条串行同步时钟线 sck、1 条串行数据线 sd、1 条声道选择线 ws），I^2S 总线主要用在音频设备传输
SPI 总路线	用同步串行 3 线方式进行通信（1 条时钟线、1 条数据线输入线、1 条数据线输出线）
CAN 总线	用异步串行 2 线方式进行通信（用 1 对差分信号线：1 条 CAN_H 线、1 条 CAN_L 线）
USB 总线	通用串行总线
电脑网络通信	互联网（Internet）
手机网络通信	GSM、GPRS 移动通信
WiFi 无线通信	
蓝牙无线通信（Blutooth）	
无线通信模块	

注：1. 总线：是指采用一组公共的信号线，作为微电脑各部件之间的通信线，这组公共的信号线就称为总线。

　　2. 单片机串行总线：外总线，内总线。内总线主要用于系统内芯片（器件）之间的数据传输，如 I^2C 总线、SPI 总线；外总线主要用于系统之间的数据传输（通信），如 RS-232 总线、RS-485 总线、RS-422 总线、CAN 总线。

7.1　RS-232、RS-422、RS-485 串行通信

RS-232、RS-422、RS-485 串行通信（以下简称 RS-232、RS-422、RS-485）接口比较见表7-2。

表 7-2　RS-232、RS-422、RS-485 接口比较

模　式	RS-232	RS-422	RS-485
连线数量	3 条线（3 线制）（RXD、TXD、GND）	4 条线（4 线制）（TXD+ 、TXD- 、RXD+ 、RX-）	2 条线（2 线式）（A、B）
通信距离/m	15（实际可达 50m）	1200	1200（实际可达 3000m）
通信速率/kB·s⁻¹	20	10	10
工作方式	单端（非平衡）	差分（平衡）	差分（平衡）
工作模式	全双工	全双工	半双工
逻辑电平	1：−3~15V 0：+3~15V	1：+2~6V（两线间压差） 0：−2~6V	1：+2~6V（两线间压差） 0：−2~6V

注：1. RS-485 和 RS-422 电路原理基本相同，都是以差动方式发送和接受，不需要数字地线。RS-232 是单端输入输出，双工工作时需要发送线、接收线、数字地三条线。

2. 波特率越高，传输速度越快，但抗干扰能力越差，稳定的传输距离越短。

3. RS-232、RS-422、RS-485 是指接口标准（各自也有各自的电平标准），而 TTL、CMOS 是指电平标准，而不是接口。

7.1.1　RS-232 串行通信

RS-232 串行通信（以下简称 RS-232）是串行数据的一种接口标准，最初是由电子工业协会（EIA）制订并发布的，RS-232 在 1962 年发布，命名为 EIA-232-E，作为工业标准，可以保证不同厂家产品之间的兼容。后来为了弥补 RS-232 之不足，在 RS-232 之后又发展产生了 RS-422，主要是为了克服 RS-232 通信距离短、传输速率低、抗干扰弱的缺点。RS-422 定义了一种平衡通信接口，将传输速率提高到 10Mb/s，传输距离延长到 4000 英尺（速率低于 100kb/s 时，1 英尺 = 0.305m），并允许在一条平衡总线上连接最多 10 个接收器。RS-422 是一种单机发送、多机接收的单向、平衡传输规范，被命名为 TIA/EIA-422-A 标准。之后为扩展应用范围，EIA 又于 1983 年在 RS-422 基础上制定了 RS-485 标准，增加了多点、双向通信能力，即允许多个发送器连接到同一条总线上，同时增加了发送器的驱动能力和冲突保护特性，扩展了总线共模范围，命名为 TIA/EIA-485-A 标准。由于 EIA 提出的建议标准都是以"RS"作为前级，所以在通信工业领域，仍然习惯将上述标准以 RS 作前缀。

RS-232 接线图如图 7-1 所示。

RS-232 接口是美国电子工业联盟（EIA）制定的串行数据通信的接口标准，采用 3 线连接传输方式（RXD、TXD、GND），被广泛用于计算机串行接口的外设连接，很多老式的电脑上都配置有 RS232 接口。RS-232 采取不平衡传输方式，即所谓单端通信，RS-232

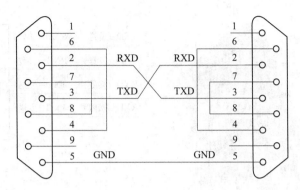

图 7-1　RS-232 接线图

是为点对点（即只用一对收、发设备）通信而设计的，其驱动器负载为 3~7kΩ，所以 RS-232 适合本地设备之间的通信。由于 RS-232-C 接口标准开发较早，所以也存在一些弱点，如：由于采用不平衡的传输方式，抗干扰较弱，传输距离短，最大距离只能达到 50m 等缺点。

RS-232 的工作方式采用单端工作方式，这是一种不平衡的传输方式，收发端信号的逻辑电平都是相对于信号地而言的，RS-232 最初是 DET（数字终端设备）和 DCE（数据通信设备）一对一通信，也就是点对点，一般用于全双工传输，也可以用于半双工传输。RS-232 电平是负逻辑，逻辑电平是 ±3~±15V。

7.1.2　RS-422 串行通信

RS-422 串行通信（以下简称 RS-422）采用 4 线制连接传输方式（TXD+、TXD−、RXD+、RX−），全双工、点对多主从通信，允许在相同传输线上连接多个接收节点。RS-422 标准全称是"平衡电压数字接口电路的电气特性"，由于接收器采用高输入阻抗和发送驱动器比 RS-232 有更强的驱动能力，故允许在同一传输线上连接多个接收节点，即一个主设备（Master），其余为从设备（Salve），从设备之间不能通信。RS-422 四线接口由于采用单独的发送和接收通道，因此不必控制数据方向。

RS-422 接线图如图 7-2 所示。

7.1.3　RS-485 串行通信

RS-485 串行通信（以下简称 RS-485）采用 2 线制连接传输方式（A、B），采用半双工通信方式、在一对屏蔽双绞线上进行多点、双向通信。RS-485 是为了克服 RS-232 抗干扰弱、通信距离短、传输速率低的缺点，EIA 在基于 RS-422 的基础上制定了 RS-485 接口标准。RS-485 是平衡发送和差分接收，因此具有抑制共模干扰的能力，它的传输距离为1200m（最大距离可达 3000m），传输速率最高可达 10Mbit/s。所以，在要求通信距离为几十米到上千米时，广泛采用 RS-485。与 RS-232 不同的是，RS-485 的工作方式是采用差分工作方式，是指在一对双绞线中，一条定义为 A，一条定义为 B，A、B 之间的两线间电压差，正电平为 +2~+6V，负电平为 −2~6V。

RS-485 接线图如图 7-3 所示。

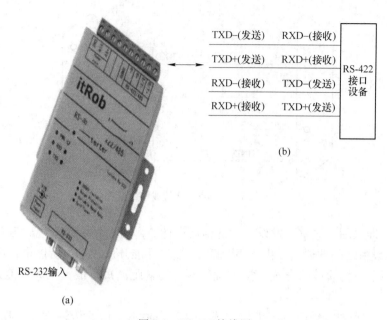

（b）

RS-232输入

（a）

图 7-2　RS-422 接线图

（a）RS-232 转 RS-422 转换器；（b）RS-232 转 RS-422 接线图（4 线）

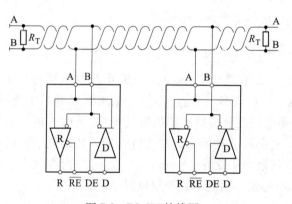

图 7-3　RS-485 接线图

7.2　单　总　线

　　单总线（1-wire）采用单根信号线，既传输时钟又传输数据，且数据传输是双向的，单总线器件如 DS18B20。

　　单总线是 DALLAS 公司研制开发的一种协议，由一个总线主节点，或多个从节点组成，通过这根信号线对从芯片进行数据的读取。每一个符合 1-wire 协议的从芯片都有一个唯一的地址，包括 48 位产品序号、8 位产品序列号和 8 位的 CRC 编码。主芯片对各个从芯片的寻址依据这 64 位的不同来进行识别。单总线接线图如图 7-4 所示。

　　单总线是利用一根信号线来实现双向通信，因此其协议对时序的要求较严格，如应答

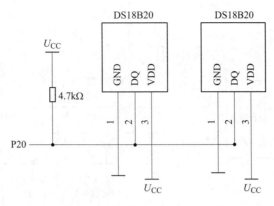

图 7-4 单总线接线图

等时序都有明确的时间要求。基本的时序包括复位、应答时序、写 1 位时序、读 1 位时序。在复位及应答时序中，主器件发出复位信号后，要求从器件在规定的时间内送回应答信号，在读位和写位时序中，主器件要在规定的时间内读出或写入数据。单片机通过读18B20 函数，读取温度值的高 8 位、低 8 位。

单总线器件内部设置有寄生供电电路，当单总线处于高电平时，一是通过二极管向芯片供电，二是对内部电容 C（约 800pF）充电。当单总线处于低电平时，二极管截止，内部电容 C 向芯片供电。由于电容 C 的容量有限，因此要求单总线能间隔地提供高电平，以便能不断地向内部电容 C 充电，保持器件的正常工作，这就是寄生电源的工作原理。需要注意的是，为了确保总线上的某些器件在工作时，如温度传感器进行温度转换、E2PROM 写入数据时，有足够的电流供给，除了上拉电阻之外，还需要在总线上使用场效应管提供强上拉供电。

7.3 I²C 总 线

I²C 总线用同步串行 2 线方式进行通信（1 条时钟线、1 条数据线），I²C 器件如 AT24C01。

I²C 总线在硬件连接上很简单，分别由 SDA（串行数据线）和 SCL（串行时钟线）及上拉电阻组成。通信的工作原理是通过对 SCL 和 SDA 线高低电平的时序控制，来产生 I²C 总线协议所需要的信号，进行数据的传递。在总线空闲状态时，这 2 根线被上面的上拉电阻拉高，保持着高电平。I²C 总线接线图如图 7-5 所示。

I²C 总线上的每一个设备都可以作为主设备或者从设备，而且每一个设备都会对应一个唯一的地址，地址可以在 I²C 器件的数据手册中查找，主从设备之间就通过这个地址来确定与哪个器件进行通信，一般我们把 I²C 总线上连接的微控制器模块作为主设备，把挂接在总线上的其他模块作为从设备，I²C 总线上的主设备、从设备之间以字节（8 位）为单位进行双向数据传输。

I²C 总线数据传输速率在标准模式下可达 100kbit/s，快速模式下可达 400kb/s，高速模式下可达 3.4Mb/s。一般通过 I²C 总线接口可编程时钟来实现传输速率的调整，同时也

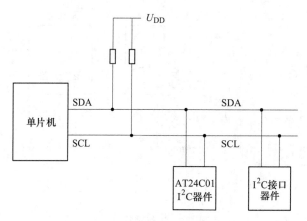

图 7-5　I^2C 总线接线图

跟所接的上拉电阻的阻值有关。

I^2C 协议如下：

（1）总线上数据的传输必须从一个起始信号作为开始条件，以一个结束信号作为传输的停止条件，起始和结束信号由主设备产生；

（2）总线在空闲状态时，SCL 和 SDA 都保持高电平；

（3）当 SCL 为高电平，SDA 由高到低跳变时，产生一个起始条件；

（4）当 SCL 为高电平，SDA 由低到高跳变时，产生一个停止条件；

（5）起始条件产生后，总线处于忙状态，由本次数据传输的主从设备独占，其他 I^2C 器件不能访问总线；

（6）当停止条件产生后，本次数据传输的主从设备将释放总线，总线再次处于空闲状态；

（7）I^2C 总线上的每一个设备都对应一个唯一的地址，主设备在传输有效数据之前，要先指定从设备的地址。

7.4　I^2S　总　线

I^2S 总线是 3 线制音频串行总线（1 条串行同步时钟线 sck、1 条串行数据线 sd、1 条声道选择线 ws），I^2S 总线主要用在音频设备传输中应用。

I^2S（Inter-IC Sound）总线，又称集成电路内置音频总线，是飞利浦公司为数字音频设备之间的音频数据传输而制定的一种总线标准，由于其采用独立的时钟线和数据线，在主设备和从设备之间能够实现同步传输，因此该总线能够在各种多媒体系统中得到广泛应用。

7.5　SPI　总　线

SPI 总线是用同步串行 3 线方式进行通信（1 条时钟线、1 条数据线输入线、1 条数据线输出线），SPI 即 Serial Peripheral Interface 的英文缩写，它是一种串行外部设备接口，是高速、全双工、同步的串行通信总线。SPI 最早是摩托罗拉公司开发的全双工同步串行总线，用于微控制器（MCU）连接外部设备之间的同步串行通信，主要应用于 Flash、数模转换器、信号处理器、控制器、EEPROM 存储器等外设通信中。SPI 总线属于一主多从接口，和 I^{2}C 不同的是，SPI 采用 CS 片选来控制主机与从机通信，现在的单片机几乎都支持 SPI 总线，其已经成为一种高速、同步、双工的通用标准，在 IoT 产品中得到广泛应用。

SPI 总线一般有 1 个主设备和 1 个或多个从设备，SPI 需要至少 4 根线，分别是 MISO（主设备输入从设备输出）、MOSI（主设备输出从设备输入）、SCLK（时钟）、CS（片选），SPI 使用引脚较少且连接简单方便，所以在很多芯片中都集成了这种通信协议。SPI 总线接线图如图 7-6 所示。

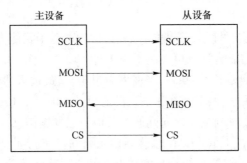

图 7-6   SPI 总线接线图

当要进行数据通信时，主设备要先向从设备发送 CS 片选使能信号，然后 SPI 总线再进行数据传送，传送时高位在前，低位在后，1 个字节传送完成后无需应答即可开始下 1 个字节的传送，SPI 总线采用同步方式工作，时钟线在上升沿或下降沿时发送器向数据线上发送数据，在紧接着在下降沿或上升沿时，接收器从数据线上读取数据，完成 1 位数据传送，8 个时钟周期完成 1 个字节数据的传送。

7.6 CAN 总 线

CAN 总线用异步串行 2 线方式进行通信（用 1 对差分信号线：1 条 CAN_H 线、1 条 CAN_L 线），CAN 通信不是以时钟信号来进行同步的，它是一种异步通信，采用 CAN_High 和 CAN_Low 一对差分信号线，以差分信号的形式进行通信。控制器局域网 CAN（Controller Area Network）属于现场总线的范畴，是一种有效支持分布式控制系统的串行通信网络，是由德国博世公司在 20 世纪 80 年代专门为汽车行业开发的一种串行通信总线。由于其高性能、高可靠性以及独特的设计而越来越受到人们的重视，被广泛应用于诸多领域。CAN 总线连接图如图 7-7 所示。

CAN 总线最高信号传输速率为 1Mb/s，支持最长距离 40m。要求在高速 CAN 总线两段安装端接电阻 RL（端接电阻一般为 120Ω，因为电缆的特性阻抗为 120Ω），目的是消除反射。CAN 是一种串行通信协议总线，它可以使用双绞线来传输信号，是世界上应用最广泛的现场总线之一。CAN 协议用于汽车中各种不同元件之间的通信，以此取代笨重、成本高的配电线缆。

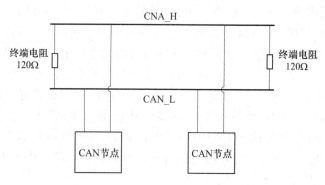

图 7-7　CAN 总线连接图

　　CAN 总线的特点是实时性强、传输距离较远、抗电磁干扰能力强、成本低。由于采用双线串行通信方式，检错能力强，可在高噪声干扰环境中工作。CAN 的通信距离远，当速率为 1Mb/s 时，通信距离最长为 40m；当速率为 5kb/s，最远可达 10km。CAN 总线节点数量多，其节点数主要取决于总线驱动电路，目前可达 110 个，CAN 网络上的节点不分主从，任一节点均可在任意时刻主动地向网络上其他节点发送信息，通信方式灵活。

　　CAN 总线的应用领域：目前 CAN 总线通信主要在汽车行业、大型仪器设备、工业控制中得到广泛应用，由于 CAN 总线自身的特点，其应用范围目前已不再局限于汽车行业，在自动控制、过程控制、机械工业、安全防护、机器人、数控机床、医疗器械等领域也得到发展和应用，CAN 已经形成国际标准，并已被公认为几种最有前途的现场总线之一。

7.7　USB 总线

　　USB 是通用串行总线英文（Universal Serial Bus）的缩写，在 USB 总线出现之前，电脑与键盘、鼠标等接口的连接，每次插拔设备都要关闭电脑电源，不支持热插拔，且通信速率低。为了克服以上问题，诞生了 USB 总线接口。从 USB 协议诞生至今，已发展了多个 USB 协议版本，如 USB1.0、USB1.1、USB2.0、USB3.0 等，最新的是 USB4.0 协议，可直连 CPU 的 PCIe 总线，最大速度可达 40Gb/s。USB 接口实物图如图 7-8 所示。

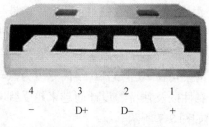

图 7-8　USB 接口实物图

　　USB 是主从模式的总线，主机称为 Host，从机称为 Device，主机与主机之间、从机与从机之间（不包括 USB4.0），不能互联。每次通信都是由主机发起，从机不能主动发起通信，只能被动地应答主机的请求。为了使用方便，又出现了支持主从切换的 USB OTG，在同一个设备不同场合下，可以在主机和从机之间切换。USB OTG 线中增加了一根 USB ID 线，当 USB ID 线上拉时，处于从机（设备）模式，当 USB ID 线接地时，处于主机模式。

7.8　电脑网络通信

电脑网络通信就是利用现在开发出的"串口服务器"等技术进行数据传输，串口服务器能提供串口数据转为网络数据（串口转网口）的功能，利用串口服务器能轻松实现串口（RS-232/485/422）与以太网之间的数据透明传输，节省人力物力和开发时间。电脑网络通信适用于道闸开关、机房监控、环境数据监测、远程遥控等以太网联网应用。电脑网络通信如图 7-9 所示。

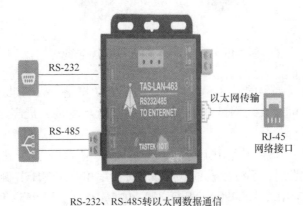

RS-232、RS-485转以太网数据通信

图 7-9　电脑网络通信

市场上的串口服务器可分为有线串口服务器（有网线连接）和无线串口服务器（无连接线）。

7.9　手机网络通信（GSM、GPRS 移动通信）

手机 GSM、GPRS 移动通信网络在数据通信中的应用如图 7-10 所示。

GSM、GPRS 移动网络通信根据组网和定位功能分为通信模块和定位模块，定位模块主要是应用在卫星定位；通信模块主要是应用在移动电话（手机通信）。通信模块分为：

（1）蜂窝类，蜂窝通信模块又分为 2G、3G、4G、5G 和 NB-OT、e-MTC 等；

（2）非蜂窝类，非蜂窝通信模块分为蓝牙、WiFi、Zigbee、LoRa、sigfox 等。

7.9.1　GSM 模块

GSM 模块具有发送 SMS 短信，语音通话，GPRS 数据传输等基于 GSM 网络进行通信的所有基本功能。简单来讲，GSM 模块加上键盘、显示屏和电池，就是一部手机。

GSM 是一个蜂窝网络，移动电话要连接到它能搜索到的最近的蜂窝单元区域。GSM 网络运行在多个不同的无线电频率上，GSM 模块分 GSM900、DCS1800、PCS1900 三个频段，一般所谓的双频手机就是在 GSM900 和 DCS1800 频段切换的手机。PCS1900 则是别的

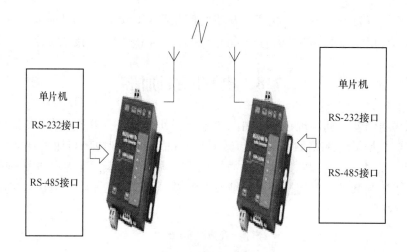

图 7-10　手机 GSM、GPRS 移动通信网络

一些国家使用的频段（如美国）。GSM900 的手机最大功率是 8W，实际中移动台没有这么大的功率，一般的手机最大功率是 2W，DCS1800 是低功率的，最高是 1W，车载台功率较大。

GSM 的工作频段：GSM 工作中上行和下行组成一频率对，上行就是手机发射，基站接收；下行则是基站发射，手机接收，上行和下行频率相差 45MHz，例如 890～915MHz 和 935～960MHz 相差 45MHz；GSM900：上行 890～915MHz，下行 935～960MHz，小区半径 35km；GSM1800：上行 1710～1785MHz，下行 1805～1880MHz，小区半径 2km（由于 1800MHz 手机是低功率）；PCS1900：上行 1850～1910MHz，下行 1930～1990MHz。

7.9.2　GPRS 模块

GPRS 是在现有的 GSM 系统上发展出来的一种新的数据通信，支持 TCP/IP 协议，可以与分组数据网（Internet 等）直接互通。GPRS 无线传输系统的应用范围非常广泛，几乎可以涵盖所有的中低业务和低速率的数据传输，尤其适合突发的小流量数据传输业务。

GPRS 是通用无线分组业务英文（General Packet Radio System）的缩写，是介于第二代和第三代之间的一种技术，通常称为 2.5G。GPRS 采用与 GSM 相同的频段、频带宽度、突发结构、无线调制标准、跳频规则以及相同的 TDMA 帧结构。因此，在 GSM 系统的基础上构建 GPRS 系统时，GSM 系统中的绝大部分部件都不需要作硬件改动，只需作软件升级。

GPRS 无线模块作为终端的无线收发模块，把从单片机发送过来的 IP 包或基站传来的分组数据进行相应的处理后再转发。

7.10　WiFi 无线通信

WiFi 无线通信的英文的全称是 Wireless Fidelity，是 IEEE 定义的一个无线网络通信的工业标准，该技术使用 2.4GHz 附近的频段，其主要特性为：速度快，可靠性高，在开放性区域，通信距离可达 300m，在封闭性区域，通信距离为 70~120m，组网的成本低。

WiFi 是一种可以将个人电脑、手持设备（如 PDA、手机）等终端以无线方式互相连接的技术，这是一种通过无线电波进行联网的技术，最常见的就是一个无线路由器，在这个无线路由器的电波覆盖的有效范围内，都可以采用 WiFi 连接方式进行联网。WiFi 的速度根据无线网卡使用的标准不同，WiFi 的速度也有所不同，如：IEEE802.11b 最高为 11Mb/s，IEEE802.11a 和 IEEE802.11g 为 54Mb/s。

7.11　蓝牙无线通信

蓝牙无线通信（Bluetooth）是一种短距无线通信技术标准，可实现固定设备、移动设备之间的短距数据交换（使用 2.4~2.485GHz 的无线电波）。

蓝牙技术实际有多个类别，即核心规格有不同版本。目前最常见有蓝牙 BR/EDR（即基本速率/增强数据率）和低功耗蓝牙（Bluetooth Low Energy）技术，蓝牙 BR/EDR 主要应用在蓝牙 2.0/2.1 版，一般用于音箱和耳机等产品；而低功耗蓝牙技术主要应用在蓝牙 4.0/4.1/4.2 版，主要用于市面上的最新产品中，比如手环、智能家居设备、汽车电子、医疗设备、Beacon 感应器（通过蓝牙技术发送数据的小型发射器）等产品。

蓝牙技术规定每一对设备进行蓝牙通信时，必须一个为主设备，另一个为从设备，才能进行通信。数据通信时，必须由蓝牙主端设备发起呼叫，进行查找，找出周围处于可被查找的蓝牙设备，发起配对（与从端蓝牙设备进行配对），链接成功后，双方才可以收发数据。

参 考 文 献

［1］刘建清 . 轻松玩转 51 单片机 C 语言［M］. 北京：北京航空航天大学出版社，2011.

［2］徐爱钧 . STC15 增强型 8051 单片机 C 语言编程与应用［M］. 北京：电子工业出版社，2014.

［3］戴仙金 . 51 单片机及其 C 语言程序开发实例［M］. 北京：清华大学出版社，2008.

［4］边莉，张起晶，黄耀群 . 51 单片机基础与实例进阶［M］. 北京：清华大学出版社，2012.

［5］张才华，余威明，等 . 单片机原理及应用［M］. 北京：航空工业出版社，2011.

［6］王全，等 . AT89S51 单片机原理及应用技术［M］. 北京：机械工业出版社，2015.